R. F. FLORE
DE THÉOCRITE.

tiré à petit nombre

IMPRIMERIE DE FIRMIN DIDOT FRÈRES,
RUE JACOB, N° 24.

FLORE

DE THÉOCRITE

ET DES AUTRES

BUCOLIQUES GRECS

PAR A. L. A. FÉE,

PROFESSEUR D'HISTOIRE NATURELLE ET DE BOTANIQUE,
MEMBRE DE L'ACADÉMIE ROYALE DE MÉDECINE.

PARIS,

CHEZ FIRMIN DIDOT FRÈRES, LIBRAIRES,
RUE JACOB, N° 24.

1832.

AVANT-PROPOS.

Deux poètes de l'antiquité, Théocrite et Virgile, se partagent le prix des chants bucoliques. L'un, qui vécut sous le ciel brûlant de la Sicile, il y a plus de deux mille ans, paraît n'avoir imité personne, quoique lui-même soit resté un modèle; l'autre, né dans le siècle d'Auguste, vint plus tard charmer les Romains, en leur faisant entendre la douce harmonie de ses vers. Il ne nous appartient pas de peser le mérite de ces deux écrivains ni même d'établir un parallèle entr'eux. Contents de goûter quelques-unes de leurs sublimes beautés, nous pouvons les admirer, mais les juger serait téméraire; il doit nous suffire de nous ranger parmi ces scholiastes laborieux, qui viennent au pied de la statue des grands poètes déposer la couronne qu'ils ont tressée, comme un juste tribut d'hommage et d'admiration.

Virgile avait déjà occupé nos veilles, Théocrite vient d'avoir son tour; nous tentons aujourd'hui d'éclaircir les parties du texte de cet auteur où quelques plantes sont nommées, nous n'osons dire décrites, tant les renseignements qu'il fournit au commentateur sont peu nombreux. Faisons comprendre en peu de mots l'utilité de pareils travaux.

Les poètes de l'antiquité connaissaient la nature bien mieux que nos poètes modernes. Soumis aux préjugés souvent grossiers qui asservissaient leur siècle, ils admettaient sans difficulté les croyances les plus bizarres; mais quand il s'agissait de décrire les objets qui étaient à leur portée, ils se montraient soigneux des épithètes et des mots, et savaient les choisir avec un discernement et un goût parfaits, n'accordant rien à l'exigence de la mesure dans les vers, ou à la nécessité du nombre dans la prose. Si cette précieuse qualité eût été moins saillante chez Virgile, ses écrits géorgiques et bucoliques eussent perdu presque tout leur prix, et les commentaires du genre de celui-ci auraient été impossibles. Chez cet auteur, comme chez Théocrite, les renseignements sont peu nombreux, mais du moins tous ceux qu'on y trouve ont une exactitude rigoureuse, et l'on peut facilement s'en convaincre. Puisons quelques exemples chez Virgile pour démontrer la vérité de notre assertion. «Une plante «(l'*amellus*) se trouve dans les prairies; elle pousse «d'une même racine plusieurs tiges; le disque de sa

« fleur est doré, mais ses fleurons sont bleuâtres.
« Le dictame a des fleurs pourpres réunies en
« tête, ses feuilles sont pubescentes; il croît sur
« l'Ida. La Médie produit un arbre qui plaît aux
« yeux, mais dont le fruit amer ne flatte point le
« goût; il est élevé, et ressemblerait tout-à-fait au
« laurier s'il ne donnait une odeur différente. Ses
« feuilles ne tombent point, elles bravent les vents,
« et ses fleurs demeurent toujours attachées aux
« branches. » Les indications moins importantes ont
tout autant d'exactitude. « L'if est un arbre fort
« commun en Corse; l'Inde seule produit l'ébène;
« c'est dans l'Yémen qu'on recueille l'encens; le
« hêtre est un arbre élevé dont la cime donne
« beaucoup d'ombre, etc. » Ces citations, que nous
pourrions multiplier, témoignent suffisamment de
l'admirable précision du poète latin. Aussi les auteurs rustiques ont-ils étayé leurs opinions de
l'opinion de ce grand homme; quoiqu'ils aient
écrit en prose, et *ex professo*, sur les matières
élégamment traitées en vers par Virgile, ils n'ont
pas cru pouvoir mieux faire que d'invoquer son
autorité.

Théocrite, moins fleuri, est aussi plus concis.
On sent, en le lisant, qu'il écrivait pour des hommes qui étaient bien plus près de la simplicité
des mœurs primitives, et l'on peut s'en aperce-
voir facilement. Ses bergers ont une franchise de

langage qui annonce quelque rudesse dans les habitudes de la vie. Il nomme un assez grand nombre de plantes, et pour arriver à les déterminer avec une apparence de vraisemblance, il faut plus compter sur Théophraste et sur Dioscoride que sur le poète lui-même. On ne trouve dans ses vers aucune description, mais les épithètes sont aussi d'une précision parfaite, et il n'a sur ce point rien à envier à Virgile.

Ces auteurs ont parlé des mêmes plantes, et il ne pouvait en être autrement. La flore de Sicile diffère peu de celle de l'Italie méridionale; néanmoins, Virgile énumère des plantes sur lesquelles Théocrite se tait, et l'on en trouve dans le poète grec qu'on chercherait vainement dans le poète latin. Ce nombre est peu considérable, et il doit en être ainsi. Écrivant sur le même sujet, ces auteurs auraient parlé des mêmes objets, lors même que l'un des deux n'eût pas imité l'autre. Des bergers devaient nommer les plantes recherchées par leurs troupeaux, les fleurs qui servaient à tresser leurs couronnes, les arbres sous l'ombre desquels ils allaient respirer le frais, parler de leurs amours ou disputer le prix du chant. Ainsi l'on voit successivement paraître le cytise fleuri, l'arbousier, le lotos, les violettes, le myrte, la rose, le hêtre, le chêne ou l'aune. Sans doute aussi l'expérience leur ayant appris quelles fleurs plai-

saient aux abeilles, et quelles plantes augmen-
taient le lait de leurs brebis, la reconnaissance
leur aura fait un devoir de nommer la mélisse, le
thym, le serpolet, et la plupart des labiées. Riches
de peu, ces bergers auront connu l'ébène et le
cèdre avec lequel on façonnait la statue de leurs
dieux; mais ils se seront plu surtout à parler de
la coupe de hêtre, embellie par la main d'un sculpteur, ou des pipeaux rustiques, composés de roseaux artistement assemblés. Ils auront dit le nom
de la plante qui composait leur couche, celui de
l'herbe que préféraient leurs troupeaux. Enfin le
culte des dieux leur aura fait célébrer le laurier
toujours vert, consacré à Apollon, la rose née du
sang de Vénus, le peuplier dédié à Hercule, et le
chêne placé sous la protection du grand Jupiter.
Là se sera bornée l'énumération des plantes que
connaissaient les habitants des champs. La botanique plus étendue des citadins consistait aussi
dans les plantes qui servent aux besoins ou aux
jouissances de l'homme, jusqu'à ce que le char-
latanisme eût mis en crédit une foule de végétaux,
destinés à combattre les maladies nombreuses
contre lesquelles vient échouer l'art du médecin.
La botanique est née de l'empirisme médical,
comme la chimie naquit de l'alchimie. Ces deux
sciences de vérité eurent l'une et l'autre pour ber-
ceau deux sciences de mensonge et d'erreur.

Quoique Théocrite et Virgile aient écrit dans des lieux peu distants de la France, et que la plupart des plantes qu'ils connaissaient croissent sur le sol de notre belle patrie, il n'est pas toujours facile de les déterminer ni de les rapporter à des plantes connues. L'irruption des Barbares et la chute de l'empire romain, déchu même avant que le colosse fût brisé, plongèrent l'Europe dans les ténèbres de la plus profonde ignorance. Après de longs combats, l'ordre ne put renaître de longtemps; l'Europe, divisée en oppresseurs et en opprimés, ne renfermait aucun peuple assez heureux pour continuer la tradition des sciences, telles que les anciens nous les avaient transmises. Un petit nombre de nations étaient moins agitées par la tourmente que les autres, mais les querelles religieuses, les schismes et les disputes scholastiques, vinrent occuper les esprits et les engager dans de fausses routes. Les yeux étaient ouverts et ne voyaient plus que des clartés trompeuses. Il y eut un long interrègne, et quand vint la vérité, elle fut méconnue.

Des jours plus heureux se levèrent enfin; mais, de même qu'après la tempête, le pilote énumère les avaries que son vaisseau a souffertes, on put voir tout ce que la guerre et le fanatisme religieux avaient coûté aux sociétés humaines. Il fallut mille ans et plus pour réparer les maux que quelques siècles avaient produits; les préjugés régnaient, il fallait les détruire et combattre avec succès l'ignorance. L'étude des manuscrits grecs et latins prépara ce triomphe des sciences et des lettres. Les auteurs de la docte antiquité furent d'abord admirés, puis commentés, puis enfin réfutés. D'abord on ne vit en eux que des modèles qu'on désespérait d'atteindre, puis, et par un des travers auxquels l'esprit humain est sujet, les idoles furent brisées, après avoir été déclarées indignes de toute espèce de culte.

Gardons-nous de semblables excès, et reconnaissons que si nous ne devons pas tout aux anciens, nous leur devons beaucoup, puisqu'ils nous ont offert un point de départ. L'étude de leurs ouvrages sera long-temps un devoir, et même un besoin; et l'on ne doit nullement s'étonner que des personnes laborieuses cherchent à les faire connaître, soit par d'utiles commentaires, soit par des traductions.

On pourrait croire au premier coup d'œil que les écrits des poètes n'ont pas besoin de commentaires; mais si l'on veut y réfléchir un instant, on verra que dans un grand nombre de cas, les commentaires seuls rendent intelligibles des passages qui ne le sont pas; font découvrir des beautés qui passeraient inaperçues, et, rectifiant le jugement des lecteurs inattentifs, font apprécier à leur juste valeur les assertions douteuses ou les faits inexacts qu'ils renferment. Enfin ces commentaires rendent seuls les traductions possibles.

Il est rare qu'un traducteur ait des connaissances encyclopédiques. Quand un homme a passé sa vie à étudier un auteur, et qu'il en entend parfaitement le texte, il entreprend de transporter dans sa langue les beautés qu'il a appris à admirer, et peut y parvenir avec un bonheur plus ou moins grand, tant que son auteur décrit la nature dans son ensemble, ou qu'il suit une narration; mais s'il entre dans des spécialités, il devient indispensable de faire des études préliminaires, et de s'aider de commentaires. C'est en vain qu'on chercherait dans les dictionnaires des lumières pour s'éclairer; ces sortes d'ouvrages laissent de ce côté beaucoup à désirer.

Si, faisant une application de ces idées générales aux poètes bucoliques, nous voulions examiner les traductions qui en ont été faites, combien de reproches serions-nous forcés d'adresser aux traducteurs, quoiqu'un grand nombre se recommande par de précieuses qualités. Il ne suffit pas de rendre la pensée d'un auteur, il faut la rendre dans des termes équivalents. S'il arrivait qu'un traducteur crût nécessaire, pour la facilité de son travail, de mettre Troie au lieu d'Athènes, l'île

d'Eubée au lieu de l'île de Lemnos, on le blâme-
rait vivement; mais bien que celui qui écrit le
mot chêne au lieu du mot orme, le nom de la
menthe au lieu de celui du thym etc., ne doive pas
recevoir les mêmes reproches, il encourt pourtant
le blâme, et il le mérite, car il altère ainsi la couleur
locale, place mal à propos une plante hors du
site qui lui est propre, et peut lui assigner un
usage inconnu aux anciens. C'est ainsi que Delille
traduit *dumeta*, les buissons, par l'aubépine en
fleur, et qu'il fait paître aux bestiaux, qui la re-
doutent et la laissent intacte sur nos collines,
une plante armée de fortes épines; c'est ainsi qu'il
a négligé ailleurs de nous dire, gêné par la forme
du vers, de quel bois était fait le joug de la charrue,
tandis que Virgile a fait connaître qu'on em-
ployait à cet usage, chez les Romains, le hêtre ou
le tilleul. Les traducteurs grecs ne sont pas plus
exacts. Longepierre traduit l'ἀσπαλατος de Théocrite par aloès, quoique les monts de Sicile ne
nourrissent aucune espèce de ce genre, πτελεα,
l'orme, par chêne-vert, μυριχη, le tamarix, par
fougère, etc. Nous pourrions multiplier ces citations au besoin.

Ces remarques critiques sont applicables aux traductions des écrits de Bion et de Moschus. Ces poètes
ont aussi laissé des idylles. La partie descriptive y est
moins étendue que dans celles de Théocrite. Le
genre en est différent. Elles ont autant de grâce et

de naturel que leur modèle ; cependant elles n'ont pas toujours la même naïveté ; ce sont plutôt des *élégies* ou des *anacréontides*, que de véritables pastorales. Bion déplore la mort d'Adonis ; Moschus celle de Bion. L'enlèvement d'Europe, les malheurs de Mégare, les amours d'Achille et de Déidamie, voilà ce que célèbre leur lyre. Les combats des bergers pour disputer le prix du chant, les travaux auxquels ils se livrent, les jeux qui leur succèdent, n'ont point inspiré leur muse. On conçoit donc qu'ils aient nommé peu de plantes, le fond de leur tableau n'étant pas un paysage. Ils ne montrent la nature agreste que par échappées : ce sont plutôt les passions des hommes que les hommes eux-mêmes dont ils parlent. La couronne placée sur le front de leur héros est tressée de fleurs brillantes, moins humbles dans leur port et dans l'éclat de leurs couleurs que celles qui parent le front des bergers de Théocrite et de Virgile.

Nous pouvions donc nous dispenser de chercher à déterminer ces plantes ; mais, après avoir terminé la *Flore de Théocrite*, nous nous sommes aperçus qu'il ne nous restait presque plus rien à faire pour compléter les commentaires relatifs aux poésies de Bion et de Moschus (1). Ces

(1) On ne trouve, dans les poésies de ces auteurs, que quatre

deux auteurs forment avec Théocrite la liste des bucoliques grecs. Celui qui aime la lecture de l'un d'eux doit aimer nécessairement la lecture des autres; aussi les trouve-t-on presque toujours réunis par les éditeurs et par les traducteurs. Nous ne pouvions nous dispenser de suivre l'usage, et nous espérons qu'on nous en saura gré.

Le genre de dissertation connu sous le nom de Flore, parce qu'elle ne s'étend pas au-delà des plantes énumérées par un auteur, a pour objet spécial de perfectionner la partie philosophique des langues, de rendre plus correctes les traductions, et enfin, de rectifier et de compléter les dictionnaires. Déjà nous avons fait entrevoir ce genre d'utilité dans nos prolégomènes sur la *Flore de Virgile*. Il en est un autre non moins important, c'est de fournir des matériaux à l'archéologie. L'étude de l'antiquité embrasse toutes les branches des connaissances humaines, et celle des plantes intéresse tout à la fois l'histoire des coutumes et des mœurs des peuples, celle des arts, l'hygiène même et la diététique. Enfin, les beaux-arts peuvent aussi y gagner quelque chose, et le peintre

---

plantes qui ne soient pas nommées dans Théocrite : ce sont les suivantes : μαλαχη, κροκος, λειριον, πυξος; les seules auxquelles nous avons consacré des articles spéciaux. Nous nous sommes contentés de porter en synonymie, sans reproduire les passages, les vers de Bion et de Moschus où ces plantes sont citées.

paysagiste saura du moins, s'il veut traduire par le crayon ou le pinceau l'une des idylles de Théocrite ou de Virgile, sous quel arbre il devra placer l'heureux Tityre ou le tendre Daphnis. Au reste, ces travaux sont des délassements agréables pour celui qui s'y livre. Dans les sociétés naissantes, toute l'intelligence humaine doit se diriger vers les arts utiles, mais dans les sociétés déjà avancées, et où les besoins du luxe même sont satisfaits, il est permis de se livrer aux recherches qui favorisent les jouissances intellectuelles. L'esprit a ses exigences comme le corps, et quiconque songe à les servir, a fait quelque chose pour le bonheur de ses semblables.

Lille, ce 15 septembre 1831.

FLORE
DE THÉOCRITE

ET DES

POÈTES BUCOLIQUES GRECS.

A.

ἌΓΡΩΣΤΙΣ (ἡ), εἰλιτενής. Le Dactylion.

Καὶ θάλλοντα σέλινα, καὶ εἰλιτενὴς ἄγρωστις.
Et le verd sélinon et le rampant *agrostis*.

Εἰδ. XIII, v. 42 (1).

L'ἄγρωστις, écrit Dioscoride, IV, 3o, est un gramen qui émet des rejets rampants, géniculés; les racines ont une saveur douce et sont marquées d'articulations. Les feuilles, acuminées et fort dures, ressemblent en petit à celles des roseaux. Les racines sont réunies en faisceaux grêles : c'est bien là le chiendent, *Panicum Dactylon* de Linné, si commun dans toute l'Europe. Ses tiges s'étendent sous terre ou rampent à la surface du sol; ce n'est donc pas sans raison que Théocrite lui donne l'épithète d'εἰλιτενής.

Ἄγρωστις, THEOPHR. *Hist. pl.* I, 10; II, 2; THEOCR. *loc. comm.*; DIOSC. IV, 3o.

Ἀγριάδα, Græc. recent.

---

(1) Toutes les citations grecques placées en tête de chaque article, et qui ne portent pas le nom de l'auteur, appartiennent à Théocrite.

I

Gramen geniculatum, Plin. XXIV, 109.
Paspalum Dactylon DC, *Fl. Fr.* 1506.
Le Chiendent en ombelle ou Dactylion.

Rossius déclare (*Etym. Ægypt.*, p. 12) que le mot ἄγρωστις signifie sanguin en égyptien, et qu'en hébreu il vient de בְרֹל, c'est-à-dire *qui naît de la terre*. Sprengel (*Hist. R. Herb. I.* 81) désigne de préférence le *Triticum repens* (L.); il n'a point changé d'avis dans ses commentaires sur Dioscoride (p. 587): nous nous serions rangés à cet avis si l'auteur grec n'avait écrit ces mots, φύλλα ὀξέα σκληρὰ, πλατέα, ὡς καλάμου μικροῦ, τρέφοντα βόας καὶ κτήνη, circonstances qui semblent se rapporter plutôt au *Paspalum Dactylon* de De Candolle, qu'au *Triticum repens* de Linné.

ΑΔΊΑΝΤΟΝ (τό). L'Adiante capillaire.

. . . . . περὶ δὲ θρύα πολλὰ πεφύκη,
Κυάνεόν τε χελιδόνιον, χλοερόν τ' ἀδίαντον.

Autour naissaient beaucoup de plantes; et la bleue chélidoine, et la verte *adiante*.   Εἰδ. XIII, v. 40.

L'ἀδίαντον de Théocrite doit être rapporté à la plante qui porte le même nom dans les écrits d'Hippocrate, de Théophraste et de Dioscoride. C'est notre *Adiantum Capillus Veneris* (L.), commun dans toute l'Europe australe, et que Sibthorp a rencontré fréquemment en Grèce. N'oublions pas de faire remarquer que notre poète le fait naître dans un vallon, et près d'une fontaine où le jeune Hylas va puiser de l'eau; et l'on sait que cette jolie fougère ne se trouve que dans les lieux humides et ombragés.

L'étymologie du mot ἀδίαντον rend compte d'une particularité qui a frappé d'étonnement les plus anciens observateurs. Les feuilles de cette fougère sont recouvertes d'une sorte d'enduit céreux qui n'est point perméable à l'eau, de sorte qu'elles peuvent être impunément immergées dans ce liquide. Nicandre a parlé de ce phénomène, commun à toutes les plantes glauques, dans ces vers de son poëme sur la Thériaque (v. 846):

Ἄχραές τ' ἀδίαντον, ἵν' οὐκ ὄμβροιο ῥαγέντος
Λεπταλέη πίπτουσα νοτὶς πετάλοισιν ἐφίζει.

Théophraste a dit la même chose en prose. (Cfr. Theophr. VII, 13.)

Ἀδίαντον, Hippocr. *Fistul.* 888; Theophr. *Hist. pl.* VII, 13; Nicand. *in Ther.* v. 846; Theocr. *loc. comm.*; Diosc. IV, 136.

Πολύτριχι, Græc. recent.

Adiantum Capillus Veneris, Linn. *Sp. pl.* 1138. Le Capillaire de Montpellier.

Il ne paraît pas que Pline ait connu cette espèce. Voy. nos *Commentaires* sur cet auteur, liv. XXII, note 63.

ΑΙΓΕΙΡΟΣ (ἡ). Le Peuplier noir.

Αἴγειροι πτελέαι τε εὔσκιον ἄλσος ἔφαινον.
Des *peupliers noirs* et des ormes formaient un bois épais.

Εἰδ. VII, v. 8.

Bien qu'il ne soit pas impossible que les Grecs entendissent parler de tous les peupliers, sous le nom d'αἴγειρος, on doit penser néanmoins que c'était surtout du *Populus nigra.* (Voyez λευκή.)

ΑΙΓΙΛΟΣ(ή). L'Avoine fromentale.

Ταὶ μὲν ἐμαὶ κύτισόν τε καὶ αἴγιλον αἶγες ἔδοντι.

Mes chèvres broutent le cytise et l'*égilos*.

Εἰδ. V, v. 128.

On peut raisonnablement penser que l'αἴγιλος de notre auteur est la même plante que l'αἰγίλωψ des botanistes grecs. Il n'est pas extraordinaire que ce nom ait été
corrompu, tant était vacillante, dans ces temps reculés,
la nomenclature des plantes les plus communes. En
partant de cette base, nous allons essayer de déterminer
l'αἰγίλωψ, et nous croirons ainsi avoir éclairci l'histoire
de l'αἴγιλος.

Il résulte clairement du texte de Dioscoride (IV, 139)
que son αἰγίλωψ est une graminée. C'est, dit-il, une petite
plante, dont les feuilles sont semblables à celles du froment, mais plus molles; les graines, au nombre de deux
ou trois dans chaque enveloppe, sont rouges, réunies en
tête, et accompagnées d'arêtes presque capillacées.
Théophraste, en divers endroits de son histoire des
plantes, s'exprime en termes peu différents; il dit en outre
que le βρῶμος (l'avoine) est souvent étouffé dans les champs
par l'*Ægilops*. Sibthorp (*Fl. græc.* I, 71 *ed.* Smith) désigne pour cette plante le gramen connu des modernes
sous le nom d'*Ægilops ovata*, et Sprengel (*Comm. in
Diosc.* 632) se range à cette opinion, qui fut aussi celle
de Dodonée. Malgré tant d'autorités respectables, nous
ne pouvons regarder la question comme résolue. L'É-
gilope à épi ovale est une petite plante, commune
dans toute l'Europe australe et en Grèce, mais elle ne
peut être comparée au froment; ses feuilles sont peu

développées, et sa tige ne s'élève pas au-delà de six pouces. Enfin cette plante ne nuit en aucune manière aux récoltes, et ne se trouve que très-rarement dans les moissons. Si l'on nous demande maintenant de produire notre opinion, nous répondrons qu'il nous semble infiniment plut probable qu'il faut chercher l'αἰγίλωψ dans le genre *avena*, et nous nous arrêterons à l'*Avena fatua*, si connue des cultivateurs par les dégâts qu'elle cause dans les champs ensemencés de véritable avoine.

Αἰγίλωψ, Theoph. *Hist. Plant.* VIII, 7 et 9; Diosc. IV, 137.

Ἀγριόβρομο, Atticor. recent.

Ἀγριοσιφωνάρι ἢ ἀγριογένημα, Græcor. recent.

Avena fatua, Linn. *Sp. pl.* 118.

La folle Avoine.

ΑΙΓΙΠΥΡΟΣ. Le Mélampyre des champs.

.......ὅπα χαλὰ πάντα φύοντι,
Αἰγίπυρος, καὶ κνύζα, καὶ εὐώδης μελίτεια.

.......Où naissent les meilleures plantes, l'*ægipyrus*, le cnyza et l'odorante mélitée.   Εἰδ. IV, v. 25.

Théocrite est le seul auteur qui, à notre connaissance, ait mentionné l'αἰγίπυρος. Anguillara (p. 145) a décidé que c'était l'*Ononis antiquorum*, le scholiaste de Théocrite ayant dit, *planta spinosa, foliis latis lentis, glauca;* mais cela prouve seulement que le scholiaste s'est trompé, ainsi que Schreber qui a adopté son opinion. Le poète range son αἰγίπυρος au nombre des meilleurs fourrages; et l'ononide des anciens, armée de longues épines, ne peut plaire aux bestiaux; aussi reste-t-elle intacte dans les pâturages. D'ailleurs,

cette dernière plante était connue des Grecs sous le
nom de ἄνωνις; elle est encore appelée de nos jours
ἀνοείδα dans l'île de Lemnos. Si nous consultons l'étymologie du mot αἰγίπυρος, nous verrons qu'il signifie blé
de chèvre : αἲξ, chèvre, et πυρὸς, froment, étymologie
qui rend compte du goût que les ruminants auraient
pour cette plante, ainsi que du mode spiciforme
d'inflorescence. On pourrait dire encore qu'elle croît
de préférence dans les montagnes, où les chèvres
se plaisent particulièrement. Mais là s'arrêtent tous les
renseignements, et nous laissons carrière aux hypothèses; le lecteur botaniste pourra choisir, soit dans la
famille des légumineuses, soit dans celle des graminées,
soit dans toute autre. Nous ferons remarquer pourtant
en terminant, que les Français nomment blé de vache
le *Melampyrum arvense* (L.), plante avidement recherchée par les vaches et commune en Sicile. Théophraste,
(*Hist. Pl.* VIII, 6), lui donne le nom de μελάμπυρον,
blé noir; serait-ce cette rhinanthacée à laquelle les Siciliens auraient imposé le nom d'αἰγίπυρος? nous n'ose-
rions l'assurer, malgré tout ce que cette opinion présente de séduisant.

ΆΚΑΝΘΑΙ (αἱ). Les Buissons épineux.

Νῦν ἴα μὲν φορέοιτε βάτοι, φορέοιτε δ' ἄκανθαι.
Maintenant portez des violettes, ô ronces! portez-en,
haies épineuses.   Εἰδ. I, v. 132.

Il faut traduire ce mot par *spineta*, qui se rend lui-
même fort rigoureusement par épines. Nos villageois
donnent le nom d'épines à ces petits buissons formés

surtout de prunellier, *Prunus spinosa* (L.), et de *Cratœgus Oxyacantha*, (L.), arbustes fort communs dans toute la France centrale, dans nos départements méridionaux, en Italie et en Sicile. Il faut ajouter à ces arbrisseaux le *Rhamnus Paliurus* (L.) et divers rosiers. Virgile n'a point employé le mot *spinetum*, mais bien celui de *dumus;* Cfr. *Georg.* I, 15; III, 15.

ἌΚΑΝΘΟΣ (ὁ), ὑγρός. L'Acanthe.

Παντᾶ δ' ἀμφὶ δέπας περιπέπταται ὑγρὸς ἄκανθος.

Partout autour de la coupe se déploie la molle *acanthe*.

Εἰδ. I, v. 55.

Le vers dans lequel Théocrite parle de cette plante a été traduit par Virgile dans la troisième Églogue, v. 45 :

Et molli circum est ansas amplexus *acantho*.

Il ne faut donc pas chercher une autre espèce que celle du poète latin, et c'est toujours de l'*Acanthus mollis* qu'il s'agit ici. Cette plante n'est pas aussi estimée des modernes qu'elle l'était des anciens. Ses feuilles, d'un vert sévère et à larges découpures, ont plus de majesté que de grâce, et conviennent bien mieux pour orner les chapiteaux des colonnes que pour embellir quelques vases rustiques. La feuille du chêne, celle de la vigne ou celle du laurier, le lierre, l'olivier et diverses plantes herbacées, sont préférés dans l'architecture et la sculpture rustiques, et cette préférence est justifiée ; d'abord, parce que la plupart de ces plantes ont des proportions plus en harmonie avec les objets d'art qu'elles doivent orner, ensuite parce qu'elles

se trouvent dans un plus grand nombre de localités,
et qu'elles ont un rapport plus direct avec la manière de vivre des habitants de nos campagnes. On
ne peut s'empêcher de faire remarquer que les
diverses épithètes données par les auteurs à cette
plante ne se rapportent qu'imparfaitement à l'*Acanthus
mollis*. Dioscoride l'a qualifié d'ἑρπάκανθος , acanthe
rampante, Virgile de *flexus* et Columelle de *tortus;*
néanmoins on arrive, en suivant les auteurs par ordre
chronologique, à décider d'une manière non équivo-
que que l'*Acanthos pæderos* de Pline est bien le même
que celui de Virgile, qui ne peut lui-même différer de
celui de Théocrite. Cette plante est fort commune en
Sicile et dans toute l'Europe méridionale. Les poètes
ont feint que le fils d'un roi de Sidon, pays où abonde
l'acanthe, avait été changé en cette plante.

Ἄκανθος ὑγρὸς, Theocr. *loc. comm.*

Ἄκανθα ἑρπακάνθα, Diosc. III, 19.

Ἄκανθος ἀλθήεις, Nicand. *Ther.* v. 645.

Acanthus mollis, ridens, flexus, Virg. *in variis
locis.*

Acanthus tortus, Colum. X, 243.

Acanthos pæderos seu melamphyllum, Plin.
lib. XXII, 34; Vitruv. *de Architect.*; Plin. Junior,
Epist. V, 5.

Acanthus mollis, Linn. *Sp. pl.* 891.

L'Acanthe brancursine.

Cfr. Fée, *Flore de Virgile*, p. 9. *Comm. sur Pline*,
liv. XXII, note 78.

ἌΜΠΕΛΟΣ (ἡ). La Vigne.

Μή μευ λωβάσησθε τὰς ἀμπέλος· ἐντὶ γὰρ ἄβαι.

Ne ravagez pas mes *vignes*, car elles sont jeunes.

Εἰδ. **V**, v. 109.

Ἔνθα πέριξ κέχυται βοτρυόπαις ἕλικι

Ἄμπελος. . . . . . .

Et la *vigne* qui s'élève en s'attachant à l'aide de ses vrilles.

Ἐπίγρ. **IV**, v. 8.

Théocrite n'a point fait entrer la vigne dans ses descriptions. Virgile au contraire en parle souvent; ce poète nous la montre mariée à l'ormeau ou bien embellissant une coupe rustique qu'elle entoure de ses rameaux flexibles. Nous avons dit (*Flore de Virgile*, p. 180) que les Romains laissaient la vigne parvenir à toute sa hauteur, tandis que les Grecs, et notamment les Siciliens, préféraient le système des vignes basses. Cette différence dans le mode de culture explique peut-être le silence du poète de Syracuse, qui n'avait vu que rarement cet arbrisseau dans la disposition la plus pittoresque qu'on puisse lui donner. Comparez la vigne étalant sur le sol quelques rameaux chargés de fruits à demi cachés par les feuilles, aux treilles gigantesques qui s'élancent d'un arbre à l'autre à la manière des lianes. Tantôt elles revêtent la nudité des troncs en les changeant en élégantes colonnes; tantôt, jetant d'innombrables guirlandes sur les arbres, elles font disparaître sous leurs pampres verdoyants le feuillage de l'arbre qui leur sert d'appui; ou bien, arrondies en cimes touffues, elles forment des bocages aériens sous lesquels le voyageur va chercher l'ombre et le frais.

Quiconque n'a vu que des vignes basses, ne peut avoir une idée de tout ce que la vigne prête au paysage de gracieux et d'animé, et Théocrite paraît avoir été dans ce cas.

Ἄμπελος, Hom. *Odyss.* IX, 110; XXIV, 246; Theophr. II, 4, etc.; Theoc. *loc. comm.*

Ἄμπελος οἰνοφόρος, Diosc. V, 1; Galen. *de Alim. facult.* II; Athen. *Deipnosoph.* II, 1.

Οἰνέων (Ion. pro οἰνῶν, *vites*), Hesiod. *Oper.* 570.

Vitis, Virg. *Egl.* II, 10; III, 38, et ailleurs; Catull. VIII, 1, etc.; Columell. III, 4, 5; Plin. XIV, (omn. lib.)

Vitis vinifera, Linn. *Sp. pl.* 293.

La Vigne cultivée.

Cfr. *Fl. de Virg.* 180, *Comm. sur Plin.* liv. XIV, notes 1re et suivantes.

ΑΝΕΜΩΝΑ (ἡ), pour Ἀνεμώνη. L'Anémone coronaire.

> Ἀλλ' οὐ σύμβλητ' ἐστὶ κυνόσβατος οὐδ' ἀνεμώνα
> Πρὸς ῥόδα.

Mais ni l'églantier ni l'*anémone* ne doivent être comparés aux roses. Εἰδ. V, v. 92.

Le poète fait dire au berger Comatas de ne pas comparer la fleur de l'églantier ou celle de l'anémone à la rose; ce qui veut dire que, bien que ces fleurs soient belles, elles ne peuvent soutenir aucun parallèle avec la reine des fleurs. Il est donc démontré qu'il s'agit, sous le nom d'ἀνεμώνα, d'une plante remarquable par de belles fleurs. Bion (*Idyl.* I, 66) a dit fort élégamment :

Αἶμα ῥόδον τίκτει, τὰ δὲ δάκρυα τὰν ἀνεμώναν.

La rose naquit du sang d'Adonis, et l'*anémone* des larmes de Vénus.

L'opposition exprimée dans ce vers semble prouver que l'anémone était une fleur blanche, ce qui empêche de croire qu'il s'agisse ici de l'*Adonis æstivalis* (L.), plante à fleurs d'un pourpre si intense, qu'elle a reçu le nom vulgaire de *goutte de sang*. Les poètes anciens, observateurs rigoureux de la nature, méritent autant de confiance que les écrivains qui ont traité en prose des sciences naturelles, et même d'une manière spéciale. Ovide (*Metam.* X, v. 725), fait naître l'anémone du sang d'Adonis, et termine les vers élégants où il parle de cette métamorphose, en disant que cette fleur tendre et délicate est le jouet des vents, circonstance exprimée par l'étymologie même du mot ἀνεμώνα, dérivé de ἄνε-μος, vent.

Il nous reste encore à désigner la plante à laquelle nous rapporterons l'ἀνεμώνα des Grecs et l'anémone des Latins. Nous nous déciderons facilement. L'anémone de Bion et celle de Théocrite seront une anémone, la même que l'*Anemone sylvestris* de Pline ; *Anemone coronaria* de Linné, qui a une foule de variétés dont les nuances varient du blanc au pourpre ; l'anémone d'Ovide sera l'*Adonis æstivalis* des botanistes, que Pline dit être commune au milieu des cultures.

Ἀνεμώνη ἀγρία, Diosc. II, 207.

Ἀνεμώνα, THEOCR. *loc. comm.*; BION I, 66.

Νῦν ῥόδα φοινίσσεσθε τὰ πένθιμα, νῦν ἀνεμώνα, MOSCH. III, 5.

Παπαρούνα, Zacinth.

Φρένιον, Græcor. Test. PLIN. XXI.

Anemone sylvestris, PLIN. *loc. cit.*

Anemone coronaria, LINN. *Sp. pl.* 771.

L'Anémone coronaire.

2. Ἀνεμώνη ἡμέρα, DIOSC. *loc. cit.*; GALEN. *De fac. simpl. med.*

Ἀγριοπαπαρούνα, Græc. recent.

Adonis, OVID. *Metam.* X, 725.

Adonis æstivalis, LINN. *Sp. pl.* 761.

L'Adonide d'été.

Nous reconnaissons donc que les poètes ont parlé de deux plantes sous le nom d'*Anemone*, et cela n'a rien qui doive surprendre, quand on voit encore aujourd'hui les Grecs modernes donner à ces plantes le nom collectif de παπαρούνα. Mais si quelques personnes voulaient ne voir qu'une seule plante dans l'anémone des poètes, il y aurait moyen de les satisfaire, en désignant seulement l'*Anemone coronaria*, qui varie par ses fleurs, tantôt blanches, et tantôt pourpres. Peut-être la facilité avec laquelle la nature change la couleur des fleurs de cette belle plante, aurait-elle donné lieu à la fable qui suppose que le sang d'Adonis a coloré en pourpre la fleur d'abord blanche de l'anémone. Dans des questions aussi difficiles, il faut présenter toutes les hypothèses, afin de laisser le choix aux personnes que ces sortes de recherches intéressent.

Moschus (*Idyll.* III, v. 5) fait de l'anémone une fleur de deuil ; mais c'est uniquement parce que cette fleur joue un grand rôle dans la fable de la mort d'Adonis, qu'il en parle à propos de la mort de Bion ; la rose elle-même, qui rappelle de si doux souvenirs, partage dans cette circonstance le sort de l'anémone.

Νῦν ῥόδα φοινίσσεσθε τὰ πένθιμα, νῦν ἀνεμώνα·
Νῦν ὑάκινθε λάλει τὰ σὰ γράμματα, καὶ πλέον αἲ αἲ
Βάμβαλε σοῖς πετάλοισι· καλὸς τέθνακε μελικτάς.

« Et maintenant, ô rose, revêts de funèbres couleurs ! et toi aussi, anémone ! prononce les doubles hélas de tes pétales plus tristement encore, ô hyacinthe ! et que le deuil des muses de Sicile commence..... Un grand poète est mort ! »

ἌΝΗΘΟΝ (τὸ). L'Aneth.

Χλωραὶ δὲ σκιάδες, μαλακῷ βρίθουσαι ἀνήθῳ,
Δέδμανθ'·

Des tentes de verdure couvertes du tendre *aneth* ont été construites.   Εἰδ. XV, v. 119.

C'est à tort qu'on a voulu chercher cette plante parmi les *pastinaca*, nous pensons, avec la plupart des commentateurs, que c'est notre aneth à odeur forte, qui a tant de ressemblance avec le fenouil. Le vers cité de Théocrite déciderait au besoin la question. Pour faire des abris avec une plante, il faut qu'elle soit élevée et branchue, circonstances qui sont offertes par l'aneth, tandis que les *pastinaca* s'élèvent peu, et ne sont que médiocrement ramifiées. Virgile a donné à l'aneth l'épithète de *bene olens*.

> Narcissum et florem jungit beneolentis *anethi*.
>
> Ecl. II, v. 48.

Pour les modernes, cette odeur est plus forte qu'elle n'est agréable : Rossius fait dériver le nom égyptien de cette plante de ارني, odorant; quelques étymologistes ont voulu, mais sans beaucoup de vraisemblance, faire venir le mot grec ἄνηθον de αἴθω, je brûle, à cause de la saveur chaude des semences. Il vaut mieux croire que l'origine de ce nom se perd dans les langues qui ont servi à former le grec.

Ἄνηθον, Theoph. *Hist. pl.* VII, 6; Aristoph. *in nub.*; Theocr. *loc. comm.*; Mosch. *Idyll.* III, 107 avec l'épithète de οὖλον (*crispum*); Diosc. III, 67.

Anethum, Virg. *Ecl.* II, 48; *Moret.* 59; Horat. *Carm.* II, 7; Colum. XI, 3; Plin. XX, 7; Pallad. *Febr.* 25.

Anethum graveolens, Linn. *Sp. pl.* 377.

Ἄνηθα, Græc. recent.

Aneto, Ital.

L'Aneth à odeur forte.

Moschus donne à l'ἄνηθον l'épithète de οὖλον; cet adjectif a une signification fort large, il veut dire pernicieux, tendre, délicat, doux, et enfin, crépu, frisé. Pour quiconque connaît l'aneth, il est facile de fixer son opinion, et tout traducteur-botaniste rendra ἄνηθον οὖλον par l'aneth à feuilles délicates. Tous les traducteurs traduisent par l'aneth crépu ou frisé, et ils commettent un contre-sens botanique, car les feuilles de l'aneth sont finement découpées, mais nullement crépues.

ΆΠΙΟΣ (ἡ). La Poire.

Καὶ δὴ μὰν ἀπίοιο πεπαίτερος. . . . . .
Quoiqu'il soit aussi mûr que la *poire*.

Εἰδ. VII, v. 120.

Le vers de Théocrite est facile à comprendre. Lorsque la poire est mûre, dit un proverbe, il faut la cueillir; Philenus, sur le déclin de la jeunesse, devait s'empresser d'aimer, de peur de voir les amours s'enfuir pour jamais.

Cfr. sur le *poirier*, ἄπιος des Grecs, *pyrus* des Latins, notre *Flore de Virgile*, pag. 135 et 215, ainsi que nos *Commentaires sur Pline*, liv. XV, note 106.

ΆΡΚΕΥΘΟΣ. Le Genévrier.

Ἁ δὲ καλὰ νάρκισσος ἐπ' ἀρκεύθοισι κομάσαι.
Que le beau narcisse fleurisse sur les *genièvres*.

Εἰδ. I, v. 133.

Ἐκ τᾶς ἀρκεύθω καθελών. . . . . .
Et je prendrai ce nid de ramier sur le *genièvre*.

Εἰδ. V, v. 97.

Les poètes donnaient le nom de *Cedrus* aux grandes espèces de genévrier, notamment à celles connues des botanistes sous les noms de *Juniperus phœnicea et Oxycedrus*. Mais ici il s'agit bien du genévrier commun, *J. communis* (L.), qu'on trouve dans toute l'Europe. Faisons remarquer que Théocrite ne pouvait trouver d'opposition plus vraie que celle renfer-

mée dans le vers 133 de sa première Idylle que nous
venons de citer; en effet, on ne peut supposer une
plus grande perturbation dans les lois de la nature,
que de faire naître sur le genévrier, arbrisseau dont le
port est si disgracieux, la tendre fleur du narcisse qui
a tant de grâce et tant d'élégance. Les poètes anciens
avaient une connaissance plus exacte de la nature que
les poètes modernes; les sciences font des progrès, il
faut nécessairement que nos rimeurs marchent avec
elles; ce qu'ils craignent par-dessus tout, ce sont les
entraves; leur pinceau est chargé de couleurs brillantes; il ne faut pas que leur main inhabile les assemble
au hasard, et que leurs portraits soient de simples portraits de fantaisie.

Ἄρκευθος, THEOPH. *Hist. pl.* III, 4.

Ἄρκευθος μεγάλη, DIOSC. I, 104.

Ἄρκευθος, THEOCR. *loc. cit.*

Juniperus, VIRG. *Ecl.* VII, 53; X, 76.

Κέδρος, Græcor. recent.

Juniperus vulgaris fruticosa, C. BAUH. *Pin.* 488.

Juniperus communis, var. α LAMCK. *Encycl.*

Le Genévrier.

Cfr. *Flore de Virgile*, p. 73. Comm. *sur Pline*,
liv. XXIV, note 75.

Quoique nous donnions la synonymie de la grande
espèce, il est douteux que les poètes fissent une distinction pareille à la nôtre; ici le mot ἄρκευθος a une signification fort étendue; toutefois la grande espèce est
commune dans le midi de l'Europe.

ἈΣΠΆΛΑΘΟΣ (ὁ). Le Genêt à légumes villeux.

Εἰς ὄρος ὄχχ' ἔρπεις, μὴ ἀνάλιπος ἔρχεο, Βάττε,
Ἐν γὰρ ὄρει ῥάμνοι τε καὶ ἀ σ π ά λ α θ ο ι κομόωντι.

Quand tu vas sur la montagne, ô Battus, ne marche pas déchaussé, car il y croît des jujubiers et des *genêts* épineux.

Εἰδ. IV, v. 57.

Κάγχανα δ' ἀ σ π α λ ά θ ω ξύλ'. . . . . .

Le bois sec du *genêt*. Εἰδ. XXIV, v. 87.

Il résulte évidemment de la lecture de ces deux vers, que l'ἀσπάλαθος était une plante épineuse et qu'elle croissait sur les montagnes; on doit ajouter encore qu'elle devait avoir des proportions peu considérables; mais ces renseignements sont insuffisants pour arriver à la détermination rigoureuse de cette plante. Dioscoride en fait un arbrisseau épineux qui pousse beaucoup de rejetons, et il borne là sa description, se contentant ensuite de décrire le bois d'aspalath. Nous pensons que cet auteur a connu la plante qui nous occupe, mais que ce n'est pas à elle qu'il aurait dû rapporter le bois odorant connu sous ce même nom. On pense, avec assez de fondement, qu'il est dû à une convolvulacée ligneuse. Théophraste ne fournit sur la question qui nous occupe aucun renseignement utile. Dans l'état actuel des données que nous possédons, on doit s'arrêter à la tradition nominale et reconnaître l'ἀσπάλαθος de notre poète dans l'ἀσπάλαθος des Grecs modernes : nous adopterons donc la concordance synonymique suivante :

Ἀσπάλαθος, THEOCR. *loc. comm.*

Ἀσπάλαθος, οἱ δὲ ἐρυσίσκηπτρον, Diosc. I, 19.

Aspalathus, Plin. XII, 49; XXIV, 69; *Exclusioni descriptionis ligni ad Convolvulum scoparium pertinentis.*

Ἀσπάλαθος ἡ ἀσπαλαθεία, Græc. recent.

Spartium villosum, Vahl. *Symb.* vol. II, 80.

Le Genêt à légumes villeux.

Cette plante, indiquée par Pline comme indigène des îles de Chypre et de Rhodes, et à laquelle Dioscoride donne en outre pour patrie Nysire et la Syrie, a été trouvée en Barbarie par Desfontaines; elle abonde en Sicile : c'est un arbrisseau épineux, à rameaux étalés et diffus. Il atteint cinq à six pieds, mais la grosseur de sa tige ne peut faire supposer qu'on lui doive le bois de Rhodes ou de roses des pharmacies.

Cfr. *Comm. sur Pline*, lib. XII, note 102, et liv. XXIV, note 153.

ΑΣΦΌΔΕΛΟΣ (ὁ). L'Asphodèle rameux.

Χἀ στιϐὰς ἐσσεῖται πεπυκασμένα ἔστ’ ἐπὶ πᾶχυν
Κνύζᾳ τ’ ἀσφοδέλῳ τε, πολυγνάμπτῳ τε σελίνῳ.

Et la couche sera abondamment couverte de cnyze, d'*asphodèle* et de persil flexible.   Εἰδ. VII, v. 68.

Les anciens n'avaient pas les mêmes idées que nous sur le rapport des productions de la nature avec les impressions de deuil ou d'allégresse qu'elles font naître. L'asphodèle, qui jouait un rôle dans les cérémonies funèbres, et qu'on semait autour des tombeaux, est une liliacée à fleurs blanches, dont l'aspect n'a rien de désagréable. Théocrite ne regardait pas cette plante comme uniquement destinée à honorer les morts, puisqu'il s'en sert pour joncher la couche d'un berger dans un jour de fête ; hors cette exception, qu'un philosophe expliquerait en disant que le poète a voulu montrer que, même au sein des plaisirs, il est moral d'avoir une pensée de mort, l'asphodèle est la plante des tombeaux. Lucien, *de Luctu*, dit qu'après avoir traversé le Styx, les ombres se promenaient dans de vastes plaines remplies d'asphodèles ; on en faisait des couronnes aux dieux infernaux. La mauve partageait avec cette plante le triste avantage d'être offerte aux mânes, et les anciens supposaient que c'était pour eux une nourriture agréable.

Les Grecs ont plus souvent parlé dans leurs écrits de l'asphodèle que les Romains ; la concordance synonymique suivante va nous le prouver.

Ἀσφόδελος, HESIOD. *Oper. et dies*, v. 41 ; HOMER. *Odyss.* XI, 539 *et aliis locis*; HIPPOCR. *de Ulcer.* 882 ; THEOPHR. *Hist. pl.* VII, 12 ; PYTHAGOR. *in Plinio*, lib. XXI, 68.

Ἀσφόδελος et Ἀνθέρικον, NICAND. *Ther.* v. 73 et 535.

Ἀσφόδελος, THEOCR. *loc. comm.*; CALLIM. *Hym.* v. 493 ; ATHEN. XI, p. 462 ; DIOSC. II, 199 non GALEN.

Ἀνθέρικον, *Geopon.* XIX, 6 et 7 ; PAUSAN. lib. X, 38.

Σφόδελος, HESYCH. *col.* 1325.

Ἀσφοδέλω, Græc. recent.

Asphodelus, PLIN. XXI, 68 ; XXII, 32. La tige *albucus*, et la racine *hastula regia*.

2.

Asphodelus et heroïon, ejusd. XXII, 32.

Asphodelus, PALLAD. I, tit. 37; APUL. c. 32; SCRIBON. LARGUS, *Compos.* 154.

Asphodelus ramosus, LINN. *Sp. pl.* 444.

L'Asphodèle à tige rameuse.

Cette plante, dont ont parlé, comme on voit, tous les écrivains de l'antiquité, a changé le doux nom d'ἀσφόδελος, qu'elle avait dans la langue d'Homère et dans celle de Théocrite, en celui de σπουρδακυλα et de χαραβουχι que lui donnent les habitants de la Laconie et ceux de l'Attique. De pareils changements ne s'expliquent que trop. L'esclavage rend les terres incultes, l'homme farouche, et la langue qu'il parle rude et barbare. Une nation libre et heureuse met dans son langage, dans ses mœurs, et jusque dans ses monuments, quelque chose de poétique qui s'éteint et s'efface aussitôt qu'elle porte des fers. Ce n'était pas le beau ciel de la Grèce qui seul avait fait enfanter ces prodiges des arts que nous nous efforçons vainement de surpasser et même d'atteindre, la liberté avait plus fait encore; il fallait des mains libres pour tenir la lyre d'Homère ou le ciseau de Phidias.

ἌΧΕΡΔΟΣ (ό). L'Éryngion des champs.

. . . . . ἢ ἀνέμῳ δοδονημένον αὖον ἄχερδον.

Ou le sec *acherdus* agité par les vents.

Εἰδ. XXIV, v. 88.

Cet ἄχερδος est, suivant les commentateurs, quelque cynarocéphale du genre *Carduus*. L'étymologie du nom donne l'idée d'une plante épineuse, qu'on ne peut toucher impunément, α privatif, χεὶρ, *main*, qui n'est pas fait pour la main; c'est-à-dire qui peut la blesser. Sprengel (*Hist. R. Herb.* 1, 127) a cherché à établir, d'après Eustathe (*ad Odyss.* VII, 120), que l'ἄχερδος était peut-être un *cratægus*; mais, outre que cette opinion ne repose sur rien de vraisemblable, le sens du vers de Théocrite empêcherait seul de l'adopter. Schreber traduit le mot ἄχερδον par ἀγριοαπίδιον, *pyrus silvestris*, mais cette opinion n'est pas plus vraisemblable que celle de Sprengel. Cet ἄχερδος desséché qui devient le jouet des vents, serait bien plutôt l'*Eryngium campestre;* cette ombellifère, quand vient l'automne, est arrachée de sa tige, et livrée à la fureur des tempêtes; le nom français, chardon roulant, qui lui est donné, fait connaître cette particularité, et chacun a pu voir en effet, dans nos campagnes, cette plante desséchée, *roulant*, pendant les orages, au milieu des tourbillons de poussière.

S'il est vrai que l'ἄχερδος soit en effet l'*Eryngium campestre*, il faut le regarder comme un des synonymes de l'ἐρύγγιον, et adopter la concordance suivante :

Ἠρύγγιον, Theoph. *Hist. pl.* VI, 1; Nicand. *de Ther.* v. 645 et 849; Plutarch. *Symp.* VII, 2; Diosc. III, 24.

Ἄχερδος, Theocr. *loc. comm.*

Ἀγγάθια, Græc. recent.

Φιδάγγατον, Lacon. recent.

Eryngium campestre vel *centum capita*, Plin. XX, 9.

Eryngium albicans, ejusd. XXII, 8.

Eryngium campestre, Linn. *Sp. pl.* 337.

L'Eryngium chardon roulant ou herbe à cent têtes.

En terminant cette note nous ouvrons Dioscoride (*in notis*), et nous lisons que les Africains nommaient l'ἠρύγγιον, χέρδαν; l'opinion que nous émettions avec réserve se trouve ainsi confirmée, et le hasard qui nous fait rencontrer avec l'auteur grec, donne une nouvelle probabilité à nos conjectures. Cette coïncidence d'opinions assez remarquable me semble prouver que ce mot χέρδαν, d'origine grecque, s'est introduit dans la langue des peuples qui habitent le long du littoral africain de la Méditerranée par les Carthaginois, qui ont eu à diverses reprises des colonies en Sicile. Il semble que l'on doive reconnaître dans le mot χέρδαν, le mot latin *carduus ;* quoique fort différent des vrais chardons pour le botaniste, l'éryngion n'en diffère pas aux yeux du vulgaire.

B.

ΒΑΤΟΣ. La Ronce.

Νῦν ἴα μὲν φορέοιτε βάτοι, φορέοιτε δ' ἄκανθαι.

Maintenant portez des violettes, ô *ronces!* portez-en, haies épineuses !   Εἰδ. I, v. 132.

Sous ce nom de βάτος, il faut entendre les ronces

dans le sens étendu du mot *rubus*, considéré comme nom générique. Les ronces les plus communes en Sicile et à Naples sont les *Rubus tomentosus*, *fruticosus* et *corylifolius*; cette dernière espèce ne se trouve pas en Grèce, suivant Sibthorp; mais en revanche le *Rubus cæsius* y est fort commun.

Voici la concordance synonymique de la ronce :

Βάτος, HOMER. *Odyss.* XXIV, 229; NICAND. *Ther.* V; PLUTARCH. Περὶ πολυφιλίας; DIOSC. IV, 37 ; APUL. 87, t. 9.

Βάτος, Græc. recent.

Rubus asper, *horrens*, VIRG. *Ecl.* III, 89; *Georg.* III, 315; PALLAD. *Januar.* 34, etc.; PLIN. VALER. I, 29; QUINTUS SERENUS, XV, 134.

Rubus fruticosus, LINN. *Sp. pl.* 787, et ses congénères.

La Ronce est principalement la Ronce en arbrisseau.

ΒΟΎΤΟΜΟΣ seu Βούτομον (τὸ). Le Carex.

Ἔνθεν βούτομον ὀξὺ, βαθὺν δ' ἐτάμοντο κύπειρον.
Là ils coupèrent le *butome* à feuilles aiguës et l'épais souchet.
Εἰδ. XIII, v. 35.

Le βούτομος est une plante des marais, à feuilles angulaires et à tige lisse; voilà tout ce que nous en dit Théophraste. Si nous ajoutons à ce peu de données l'épithète ὀξὺ, aigu, que lui donne Théocrite dans le vers que nous venons de citer, nous aurons la totalité des renseignements qu'il est possible de réunir sur cette plante. C'est bien peu pour décider la question, mais c'est assez pour établir quelques conjectures.

Les commentateurs ont dû varier sur la désignation à faire du butome. Les uns ont voulu voir en lui le ruban d'eau, *Sparganium erectum* (L.) (Bod. a Stapel.), les autres le *Butomus umbellatus*, ou jonc fleuri (Cesalpin et Sprengel); mais ces opinions sont dépourvues de preuves. En se rappelant que le butome des Grecs est une plante à tige lisse (et à angles aigus), à feuilles pointues, vivant au milieu des marais, on se reporte de suite à un *Carex*. Ce qui dispose encore à adopter cette plante pour le butome, c'est l'étymologie même du mot βούτομος, dérivé de βοῦς et de τομή, coupé, taillé; c'est-à-dire capable de couper ou de blesser les bœufs. Un grand nombre de *Carex*, et notamment les *C. riparia*, *acuta*, et *paludosa*, sont principalement dans ce cas. Jusqu'ici les étymologistes avaient fait venir ce mot de βοῦς et de τέμνω, je coupe; ce qui devait signifier, à leur sens, plante dont les bœufs sont friands, et qu'ils coupent d'une dent avide, signification qui ne semble point en rapport avec le peu que nous savons de cette plante. Les *carex*, bien plus abondants que le butome, sont aussi plus propres à servir de couche aux habitants des campagnes, et c'est à cet usage que Théocrite les fait servir. Terminons par cette concordance synonymique :

Βούτομος, Theoph. I, 8; IV, 11; 1, 16; Theocr *loc. comm.*

Caricum maximarum species.

Diverses grandes espèces de Carex.

ΒΡΆΒΥΛΑ (τά). Les Prunes de Damas.

. . . . τοὶ δ' ἐχέχυντο
Ὄρπαχες βραβύλοισι καταβρίθοντες ἔρασδε.
Et les branches chargées de *prunes* étaient courbées vers la
terre.   Εἰδ. VII, v. 145.

Plusieurs commentateurs s'accordent à reconnaître
ici la prune de Damas, *Prunum damascenum*; pourtant
Lefebvre de Villebrune, s'appuyant d'un passage de
Galien, veut que ce soit la prune ronde, d'un brun
noirâtre et légèrement acide, à laquelle on donne le
nom de *domino* dans quelques unes de nos provinces.
Athénée cite le vers de Théocrite que nous avons mis
en tête de cet article, mais il l'écrit en grec régulier :

Ὄρπηκες βραβύλοισι καταβρίθοντες ἔρασδε

Cet auteur assure que le βράβυλον est un peu moins
gros que la prune coccymèle, mais que sa saveur est
plus acide. Séleucus, cité par ce même Athénée, a écrit
que les βράβυλα, les ᾗλα, les χοχχύμηλα et les μάδρυα étaient
un seul et même fruit, et que le mot βράβυλα était formé
de βορὰ et de βάλλειν, parce que ce fruit est laxatif.
Martial accorde la même propriété à la prune de Damas :

> *Pruna* peregrinæ carie rugosa senectæ
> Sume : solent duri solvere ventris onus.
>   Epigr. XIII, 29.

---

(1) On trouve encore dans l'idylle intitulée Ἄἴτης, mais regardée
comme apocryphe, le vers suivant :

Ὅσσον ἔαρ χειμῶνος, ὅσον μῆλον βραβύλοιε.

Cléarque, le péripatéticien, fait remarquer que les Rhodiens et les Siciliens appelaient les κοκκύμηλα, βράβυλα. Ce fruit était fort peu estimé de Galien, qui en fait une prune sauvage. La divergence d'opinions remarquée dans les auteurs, relativement au plus ou moins d'estime dans laquelle on doit tenir la prune βράβυλον, s'explique très-bien en adoptant la prune de Damas, qui se subdivise en un grand nombre de variétés; on peut donc, suivant nous, établir la concordance synonymique suivante :

Βράβυλα, Theocr. *loc. comm.*; Galen. *de Alim. fac.* II, 38 et VI, 1; Athen.II, 10; Clearch. et Seleuc. *in* Athen. *loc. cit.*

Σποδιάς, Theoph. *Hist. pl.* III, 6, 4.

Pruna peregrina, Mart. *Epigr.* XIII, 26.

Pruna damascena, Plin. XV, 12.

Brabyla, ejusd. XXVII, 1.

Pruna damascena, var. β Linn. *Sp. pl.* 680,

La Prune de Damas et ses variétés.

La *prunelle*, ou petite prune sauvage des haies, porte encore en Lorraine le nom de *brimbelle*, éviment venu de βράβυλον.

BPÝON (τό). La Mousse dans le sens vulgaire.

Στρωσάμενοι βρύον αὖον ὑπὸ πλεκταῖς καλύβαισι.
Ayant étendu de la *mousse* sèche sous leurs abris tressés (de nattes). Εἰδ. XXI, v. 7.

On ne peut ici rien préciser. Il s'agit de la mousse dans le sens vulgaire. Cfr. le mot *muscus* de notre *Flore de Virgile*, p. 110. Les modernes se sont servis du mot *Bryum* pour désigner un genre de plantes de la famille des mousses, que les anciens n'ont pas connu. On fait dériver ce mot de βρύω, je pousse, à cause de la facilité avec laquelle les mousses se reproduisent et s'étendent.

Γ.

ΓΛΑΧΩΝ pour γλήχων (ή). Le Pouliot.

. . . . ἀπαλὰν πτέριν ὧδε πατησεῖς,
Καὶ γλάχων' ἀνθεῦσαν.

       Là tu fouleras la fougère
Et le *pouliot* fleuri.   Εἰδ. V, v. 56.

La question a été décidée; le γλήχων est une espèce de menthe connue sous le nom de pouliot. Théophraste et Dioscoride l'ont connue, Pline en a parlé. Cette plante, qui exhale une douce odeur, avait acquis une grande célébrité en médecine. Varron estimait les couronnes de pouliot à l'égal des couronnes de roses: son opinion n'a pu prévaloir, et la rose est restée la reine des fleurs, seule digne de cacher les cheveux blancs d'Anacréon. On plaçait cette labiée dans les chambres à coucher, mais cet usage a été justement abandonné à cause des émanations qui ont une action trop forte sur le cerveau. Voici comment on doit établir la concordance synonymique du γλήχων :

Γλήχων, Hippocr. *de Morb. mul.* I, 606.

Χλωρὴ, ejusd. *Affect.* 523.

Γλήχων, Nicand. *Ther.* v. 877; ejusd. *in Alexiph.*
v. 128 et 237; Diosc. III, 36.

Βλήχων, ejusd. *loc. cit.*

Γλάκων, Theocr. *loc. comm.*

Γλυφώνι, ἢ βλεχόνι, Græc. recent.

Pulegium, Plin. XX, 54.

Puleium viride, Colum. XII, 57; Pallad. *Nov.*
tit. 12.

Puleium nigrum, Martial. XII, 32, v. 19;
Apul. c. 92; Cels. II, 1.

Mentha Pulegium, Linn. *Sp. pl.* 807.

La Menthe Pouliot, ou simplement Pouliot.

Dioscoride fait dériver le mot βλέχων, qui n'est autre
que le mot βλήχων, de βληχὴ, bêlement, parce que, dit-
il, cette plante fait bêler les moutons après qu'ils l'ont
brouté. Cette étymologie est bien puérile, et l'on peut
dire la même chose du mot latin *pulegium*, dérivé de
pulex, dans la croyance où l'on était que l'odeur seule
de cette plante suffisait pour faire mourir les puces.

Δ.

ΔΑΦΝΗ (ἡ). Le Laurier.

Πᾶ μοι ταὶ δάφναι; φέρε Θέστυλι. . . .

Où sont les *lauriers?* donnez-les moi, Testylis.

Εἰδ. II, v. 1.

'Εντὶ δάφναι τηνεί. . . . , . .

Là sont des *lauriers.*   Εἰδ. XI, v. 45.

Ταὶ δὲ μελάμφυλλοι δάφναι. . . . . .

Ces *lauriers* au sombre feuillage. . . . . . .

'Επίγρ. I, v. 3.

L'idylle dans laquelle il est question de l'emploi du
δάφνη dans les opérations magiques est imitée, comme
on sait, mais avec une supériorité incontestable, par
Virgile (*Ecl.* VIII). Le laurier a été célébré par tous
les poètes, et sa détermination ne laisse aucun doute.
On trouve fréquemment en Sicile la variété à feuilles
larges, δάφνη πλατυτέρα de Dioscoride, mais il n'est pas
probable que Théocrite ait distingué la variété du type.
Voici quelle est la concordance synonymique de cet
arbre fameux sur lequel il serait superflu de donner
de plus longs détails :

Δάφνη, HOMER. *Odyss.* IX, 183; HESIOD. *Theogon.*
30, *Opera et dies,* 430; THEOPHR. *Hist. plant.* 1, 8,
1 *et passim*; THEOCR. *loc. comm.*; NICAND. *Ther.*
574 *et in aliis locis.*

Δάφνη μελάμφυλλος, THÉOCR. *loc. comm.*; λεπτόφυλ-
λος, DIOSC. I, 9, 106; ATHEN. *Deipnos.* II et IV.

Laurus, VIRG. *Ecl.* III, 64; *Georg.* II, 18 *et
in aliis locis;* CATULL. 8 et 133; PALLAD. *Febr.*
23; PLIN. XV, 39, etc.

Laurus nobilis, LINN. *Sp. pl.* 529.

Le Laurier des poètes.

Cfr. *Fl. de Virg.*, p. 79; *Comm. sur Pline*, lib. XV, notes 28e et suiv.

ΔΡῦΣ (ἡ). Le Chêne.

. . . . ἅπερ ὁ θῶχος

Τῆνος ὁ ποιμενιχὸς χαὶ ταὶ δρύες . . . .

Où ce siége rustique et ces *chênes* . . . .

Εἰδ. I, v. 23.

. . . . Τούτῳ δρύες, ὧδε χύπειρος

. . . . là sont des *chênes*, là croît le souchet.

Εἰδ. V, v. 45.

Τᾷ δρυὶ ταὶ βάλανοι κόσμος . . . .

Les glands sont l'ornement du *chêne*.

Εἰδ. VIII, v. 79. χ. τ. λ.

Ce δρῦς est le *quercus* des Latins, et le mot chêne dans l'acception vague et étendue du mot; chercher à vouloir préciser l'espèce serait tenter l'impossible. On trouve en Sicile la plupart des espèces qui vivent en France. Le *Quercus Ægylops* (L. *Sp.*, pl. 1414), le *Quercus Æsculus* (L., *loc. cit.*), le *Quercus pubescens*, y croissent à côté de nos espèces les plus communes; distinctes pour les botanistes, elles ne pouvaient l'être pour les poètes. Nous avons donné l'histoire des chênes de l'antiquité dans nos *Commentaires sur Pline* (liv. XVI, not. 10 et suiv.), nous renvoyons à cette dissertation que l'importance du texte rendait nécessaire, et qui serait ici déplacée, même en l'abrégeant.

Le δρῦς de Théocrite est aussi celui d'Homère, d'Hésiode, d'Aristophane, de Théophraste, etc.; c'est le *quercus* de Lucrèce, de Virgile, de Columelle, de Palladius et de Pline. Les Grecs modernes lui donnent le nom de δένδρο, l'arbre, comme qui dirait l'arbre par excellence.

Cfr. *Flore de Virgile*, pag. 136.

~~~~~~

E

ἜΒΕΝΟΣ (ἡ). L'Ébène.

Ὦ ἔβενος, ὦ χρυσός.

Que d'*ébène !* que d'or !   Εἰδ. XV, v. 123.

Depuis la découverte du nouveau monde, et les progrès de la puissance européenne dans l'Inde, l'ébène ayant eu à soutenir la concurrence avec une foule de bois précieux, a perdu de son importance, et n'est plus énuméré parmi les plus riches productions de la terre. Plusieurs sortes d'arbres donnent un bois dont les couches centrales sont du plus beau noir, mais on croit néanmoins que celui qu'on trouve dans le commerce est fourni principalement par le *Diospyros Ebenum* (Lmrk. *Encycl.* V, 429). Cet arbre forme de grandes forêts dans l'Inde, et l'on sait que Virgile a dit : (*Georg.* II, 117.)

> . . . . sola India nigrum
> Fert *ebenum*. . . . .

Cfr. sur l'ébène, notre *Flore de Virgile*, p. 48 ; *nos Commentaires sur Pline*, XII, note 26, et notre *Cours d'histoire naturelle pharmaceutique*, II, 349.

ΈΛΑΙΑ (ἡ)· L'Olivier.

> .... βάλλε κάτωθε τὰ μοσχία · τᾶς γὰρ ἐλαίας
> Τὸν θαλλὸν τρώγοντι τὰ δύσσοα............
>
> Chasse tes génisses de la plaine, car elles dévorent les branches de l'*olivier*.   Εἰδ. IV, v. 44.

L'olivier est un arbre célèbre, mais trop connu pour que nous ayons à en parler longuement. Tous les poètes bucoliques en ont dit quelque chose, tous les économistes lui ont consacré un chapitre spécial de leurs ouvrages. C'est un arbre plus utile qu'agréable ; son tronc est souvent difforme, ses rameaux sont roides et sans grâce ; la couleur des feuilles a quelque chose de triste ; c'est enfin l'un des arbres les moins pittoresques d'Europe. Sculpté sur les monuments, comme symbole du commerce et de la paix, et entrelacé dans une branche de chêne ou de laurier, l'olivier réveille des idées d'ordre et de bonheur ; mais s'il plaît alors, c'est plutôt en agissant sur l'esprit que sur les yeux.

Voici quelle est la concordance synonymique de l'ἐλαία :

זית *Deuteron.* II, 28, 40.

Ἐλαία, Hom. *Odyss.* I, 589; VII, 116; Hesiod. *Oper. et dies*, v. 520; Plutarch. *de Aud. poem.* Demosth. περὶ στεφάν. Theocr. *loc. comm.*; Athen. *Deipnos.* II, 14.

Ἐλαία, Græc. recent.

Olea de tous les auteurs latins.

Olea Europæa, Linn. *Sp. pl.* 2.
L'Olivier.

ÉΛΙΞ (ή) καρπῷ κροκόεντι. Le Chèvre-feuille.

. . . . ά δὲ κατ' αὐτὸν
Καρπῷ ἔλιξ εἱλεῖται ἀγαλλομένα κροκόεντι.

Autour d'elle (de la coupe) se déroule le *lierre* au fruit
safrané.   Εἰδ. I, v. 31.

Les lexicographes font du mot ἔλιξ, soit un adjectif,
qui signifie tournant en spirale, soit un substantif,
qu'ils rendent par le mot latin *capreolus*, vrilles qui
soutiennent la vigne. Le passage cité de Théocrite montre évidemment qu'il y a une troisième signification à
donner. ῾Ελιξ est ici le nom d'une plante grimpante,
différente du Κισσός et de l'ἑλιόχρυσος, qui, toutes deux,
figuraient sur la coupe offerte à Thyrsis comme prix
du chant : sur les bords de cette coupe, dit le berger,
serpente le lierre habilement réuni à l'héliochryse, tandis
que l'*helix*, aux fruits safranés, se contourne autour
d'elle. C'est donc une plante particulière, connue vraisemblablement sous plusieurs noms, et que Théocrite a
seul désignée sous le nom d'ἔλιξ, que sans doute elle por-
tait en Sicile. Théophraste (*Hist. pl.* III, 18) et Dioscoride (II, 210) ont nommé κισσός ἔλιξ, une variété de lierre
dont les modernes ont fait l'*Hedera major sterilis* (C. Bauh.
Pin. 305). Ici le mot ἔλιξ est adjectif, et l'on ne peut
penser qu'il ait été employé substantivement par le
poète, pour désigner la variété d'une plante qui déjà
était sculptée sur la coupe, et qui en embellissait les
bords. Trop de ressemblance existe entre le type de

3

l'espèce et sa variété, pour qu'il y eût dans cette hypothèse une opposition suffisante. Il faut donc chercher une autre plante, et c'est peut-être dans le genre *Lonicera* qu'on pourra la trouver. Le chèvre-feuille d'Italie, *Lonicera Periclymenum*, Linn. *Sp. pl.* 247, rare en Grèce, mais commun en Sicile, et que les auteurs grecs ont connu sous le nom de περικλύμενον (Cfr. Diosc. IV, 14; Theophr. *Hist. pl.* 3, 18, 6), ou bien même le chèvre-feuille des bois, *Lonicera Caprifolium* (L.), fort jolies plantes, et qui ont dû charmer les yeux des bergers de Théocrite, comme elles charment aujourd'hui ceux des amis des beautés champêtres, sont peut-être celles qui devront fixer le choix des commentateurs (1).

ἙΛΊΧΡΥΣΟΣ et ἙΛΕΙΌΧΡΥΣΟΣ. L'immortelle Stœchas.

> Τῷ περὶ μὲν χείλη μαρύεται ὑψόθι κισσὸς,
> Κισσὸς ἑλιχρύσῳ κεκονισμένος.

Autour des bords de cette coupe se déroule le lierre, réuni, à l'aide d'un enduit, à l'*hélichryse*. Εἰδ. I, v. 30.

Les renseignements fournis par les auteurs grecs sur

---

(1) Schreber explique ce passage difficile de la manière suivante : il veut que le mot ἑλίχρυσος se prenne dans le passage cité de Théocrite pour couleur panachée, et il paraphrase de la manière suivante les vers du poète : un *edera* panaché de jaune, ἑλίχρυσος, est représenté au bord de la coupe, il est entrelacé avec l'ἕλιξ, sommités de ce même lierre, et qui seules portent la fructification jaunâtre. Tournefort (*Voyage du Levant*) a trouvé sur les bords de la mer Noire un lierre naturellement panaché. Le lierre en fleurs ou en fruits récents a des sommités fleuries entrelacées avec les rameaux stériles, et il y a une extrême différence de couleur et de forme entre les uns et les autres, etc., etc. Nous doutons que cette explication satisfasse complètement les esprits exigeants.

l'ἐλίχρυσος, ont suffi pour décider les commentateurs à désigner le *Gnaphalium Stœchas* (L.). Cette corymbifère est fort jolie, et jonche agréablement les pelouses sèches des collines élevées; on peut la faire entrer dans les couronnes; ses fleurs, imitées sur une coupe à l'aide de la sculpture et entrelacées de feuilles de lierre et de fleurs de chèvre-feuille, devaient faire un effet charmant.

Ἐλειόχρυσος, Theoph. *Hist. pl.* VII, 3, et IX, 21 ; Theocr. *loc. comm.*

Ἐλίχρυσον, χρυσάνθεμον, ἀμάραντον, Diosc. IV, 57.

Δάκρυα τῆς παναγίας ,(*lacryma sanctæ Virginis*) Cypr. recent.

Καλοκοιμιθιαῖς, Græc. recent.

Holochrysos, Plin. XXI, 24 et 85.

Gnaphalium Stœchas, Linn. *Sp. pl.* 1193.

L'Immortelle-Stœchas.

ἘΡΕΊΚΑ (ἡ). La Bruyère arborescente.

Αἰ λῇς, τὸν δρυτόμον βωστρήσομες, ὃς τὰς ἐ ρ ε ί κ α ς
Τήνας τὰς παρὰ τὶν ξυλοχίσδεται.

Si tu le veux, appelons ce bûcheron qui coupe près d'ici ces *bruyères.*   Εἰδ. V, v. 64.

Quoiqu'on ne puisse absolument préciser ici l'espèce, du moins est-on certain du genre. Il s'agit d'un *Erica*, et peut-être, si l'on veut avoir égard au texte de Théocrite, se décidera-t-on pour l'*Erica arborea* (L.), le seul qui soit assez fort pour nécessiter l'emploi de la hache du bûcheron quand on veut l'abattre.

Sibthorp (*Fl. græc. ed. Smith* t. 1, p. 257) désigne pour l'ἐρείκη de Dioscoride, l'*Erica herbacea* des botanis-

3.

tes : il y a erreur, et c'est bien plutôt à l'*Erica arborea*
qu'il faut s'arrêter. Dioscoride I, 118, dit positivement :
Ἐρείκη δένδρον ἐστὶ θαμνῶδες ὅμοιον μυρίκη· μικρότερον δὲ πολλῷ.
« L'*erica* est un arbuste semblable au *myrica* (Tamarisc),
mais beaucoup plus petit ». Or, le Tamarisc s'élevant à
plus de vingt pieds, n'a pu entrer en parallèle qu'avec
un arbuste de dix à douze ; et telle est la hauteur que
peut atteindre la bruyère arborescente. Voici la concordance synonymique de l'*erica* :

Ἐρίκη, HIPPOCR. *de Nat. mul.* 572.

Ἐρείκη, THEOPHR. I, 23 ; THEOCR. *loc. comm.* ;
NICAND. *Ther.* v. 43 ; DIOSC. I, 117.

Ῥίκι, Argol. hodie.

Erica, PLIN. XIII, 35 ; XXIV, 39.

Erica arborea, LINN. *Sp. pl.* 501.

La Bruyère arborescente.

Cfr. *Flor. de Virg.* p. 3, art. MYRICA, et nos *Comm.
sur Plin.* liv. XIII, note 140.

ΈΡΠΥΛΛΟΣ (ἡ). Le Serpolet.

Τὰ ῥόδα τὰ δροσόεντα, καὶ ἡ κατάπυκνος ἐκείνα
Ἔρπυλλος κεῖται ταῖς Ἑλικωνιάσι.

Ces roses, ce *serpolet* touffu, qu'embellit la rosée du
matin, je les destine aux muses.   Ἐπίγρ. I, v. 1.

Cette jolie labiée a conservé son nom dans presque
toutes les langues de l'Europe ; c'est notre serpolet,
dont l'odeur est si suave et si expansible. Il se plaît sur
les collines, où les abeilles vont butiner le suc parfumé
que recèle sa corolle. Voici quelle est la concordance
synonymique qu'on peut lui appliquer :

Ἕρπυλος, Theoph. V. 1.

Ἕρπυλλος, Theocr. *Epigr.* I, v. 1 ; Nicand. Diosc. III, 46.

Serpullum, Catull. 73; Varr. I, 25.

Serpyllum, Colum. XI, 3; Plin. XX, 22; Virg. *Ecl.* II, v. 2; *Georg.* IV, 31; Pallad. *Mart.* IX, 17.

Thymus Serpyllum, Linn. *Sp. pl.* 825.

Le Serpolet.

Cfr. sur cette plante nos *Comment. sur Pline*, l. XX, note 229 et suiv.

⁓⁓⁓⁓⁓⁓⁓⁓⁓⁓⁓⁓⁓⁓⁓⁓⁓⁓⁓⁓⁓⁓⁓⁓⁓

Θ.

ΘΑΨΟΣ (ἡ). La Thapsie des monts Gargan.

Καί μευ χρὼς μὲν ὁμοῖος ἐγίνετο πολλάκι θ ά ψ ῳ.
Et mon corps devenait tout semblable au *thapsus*.

Εἰδ. II, v. 88.

On doit penser raisonnablement que dans le sens de ce vers, « devenir semblable au *thapsia* », c'était devenir d'un jaune pâle, et avoir le *pallor amantium*, dont parle Ovide, *de Arte amandi*. Le θαψία, pour servir de point de comparaison avec un visage décoloré par les souffrances de l'amour, devait donc avoir quelques-unes de ses parties jaunâtres, et le *Thapsia villosa* (L.) est dans ce cas. Le genre *Thapsia*, qui a plusieurs con-

génères dans l'Europe australe, renferme des ombellifères
à fleurs jaunes. Dioscoride et Théophraste en ont parlé;
Pline en a dit quelques mots. Ses feuilles, semblables à
celles du fenouil, sont pourtant plus larges, son action
sur l'économie vivante est très-violente; le suc qu'on
en retire rubéfie fortement la peau sur laquelle on l'applique. La désignation à faire parmi les espèces connues présente peu de difficultés, et l'on devra opter
entre les *Thapsia villosa* et *garganica;* elles vivent
dans les mêmes lieux, diffèrent fort peu de forme et
de port, et ont les mêmes propriétés médicales, enfin
leurs fleurs sont jaunes; et le *Thapsia villosa*, qui est dans
ce cas, a, en outre, des racines de la même couleur.
Sibthorp (*Flora Græc.* I, 201) a accordé la préférence
au *Thapsia garganica,* plus commun que l'autre espèce,
et dont les propriétés sont aussi mieux établies; nous
adopterons l'opinion de ce botaniste, qui, par un long
séjour en Grèce, a acquis le droit de faire prévaloir ses
décisions dans les cas douteux.

Θάψος, Theoph. *Hist. pl.* IX, 10; Theocr. *loc.
cit.;* Diosc. IV, 157; Galen. *De fac. simpl. med.* VIII,
p. 177.

Πολύκαρπος, Zacynth. rec.

Thapsus, Plin. XIII, 48.

Thapsia garganica, Linn. *Mantiss.* 57.

La Thapsie des monts Gargan.

ΤΗΛΕΦΥΛΛΟΝ (τὸ). La feuille de Coquelicot.

Οὐδὲ τὸ τηλέφιλον ποτιμαξάμενον πλατάγησεν,

'Αλλ' αὔτως ἁπαλῷ ποτὶ πάχεϊ ἐξεμαράνθη.

Εἰδ. III, v. 29.

Un grand nombre d'éditeurs orthographient, d'après quelques manuscrits, τηλέφυλλον; mais il semble plus convenable d'écrire τηλέφιλον, ainsi que l'enseignent les scholiastes de Théocrite. On donnait ce nom aux pétales du pavot, dont on se servait pour juger par le bruit, du succès probable de ses amours. (Voyez μάκων.)

I.

ΪΟΝ (τό). La Violette odorante.

Νῦν ἴα μὲν φορέοιτε βάτοι, φορέοιτε δ' ἄκανθαι.

Maintenant portez des *violettes*, ô ronces; portez-en, haies épineuses. Εἰδ. I, v. 132.

Καὶ τὸ ἴον μέλαν ἐντὶ, καὶ ἁ γραπτὰ ὑάκινθος.

Et la *violette* est noire, et la fleur d'hyacinthe montre des caractères d'écriture. Εἰδ. X, v. 28.

Trahissant sa présence par la suavité de son odeur, la violette a été de tout temps recherchée. Les modernes ont fait de cette aimable fleur l'emblème de la modestie; mais les anciens, si habiles pourtant à personnifier les principales productions de la nature, n'ont fait jouer à la violette aucun rôle mythologique. Ils l'ont jugée plutôt d'après la simplicité de ses formes extérieures, dénuées de grâce et d'élégance, que par

le parfum qu'elle exhale. Sous ce nom de ἴον, les auteurs de l'antiquité ont réuni une foule de plantes fort
différentes, toutes remarquables par leur fragrance;
les principales se trouvent parmi les crucifères, et
dans le genre *cheiranthus;* mais ce n'est pas ici le lieu
d'aborder cette difficile partie de la botanique des
anciens : chaque chose n'est bonne qu'en son lieu, et
nous devons nous borner à donner la concordance synonymique de la violette odorante, la seule dont Théocrite parle ici. Les personnes que ces sortes de questions intéressent pourront se satisfaire en consultant
nos *Commentaires sur Pline* (liv. XXI , 38), ainsi que
les articles *Viola mollis* et *Viola pallens* de notre *Flore
de Virgile.*

ἴον, Hom. *Odyss.* V, 72; Theoph. *Hist. pl.* VI,
6; Theocr. *loc. cit.;* Mosch. II, 66.

ἴον πορφυροῦν, Diosc. IV, 122.

Βιολέτα, Græc. recent.

Viola nigra, Virg. *Ecl.* X, 39.

Viola mollis, ejusd. *Ecl.* V, 38.

Viola purpurea, Plin. XXI, 14.

Viola? Colum. *de Re rust.* X, 104; ejusd. *de
Arbor.* XXX; Pallad. *Januar.* 37.

Viola odorata, Linn. *Spec. pl.* 1324.

La Violette de mars, ou odorante.

ἹΠΠΟΜΑΝῈΣ (τὸ). Le suc de l'Hippomane.

 Ἱπ π ομανὲς φυτόν ἐστι παρ' Ἀρκάσι, τῷ δ' ἐπὶ πᾶσαι
Καὶ πῶλοι μαίνονται ἀν' ὤρεα καὶ θοαὶ ἵπποι.

Il est une plante d'Arcadie, l'*hippomanes*, qui rend furieux les poulains et les cavales, et les précipite à travers les montagnes.   Εἰδ. II, v. 48.

Il y aurait une longue dissertation à faire pour réfuter toutes les fables qui ont été débitées par les auteurs sur l'*hippomanes*. Aristote (*Hist. Anim.* VI, c. 22) et Pline, XXVIII, 2, font de cette substance une production animale; Théocrite seul en fait une plante. Mais, à quelque règne qu'on la fasse appartenir, on doit la regarder comme une production fabuleuse, non-seulement quant à ses effets, mais encore quant à son existence. Si Théocrite a cru que c'était une plante, c'est que, fable pour fable, il lui aura paru plus naturel de supposer que les chevaux entraient plutôt en fureur après avoir mangé une herbe que pour avoir ingéré une substance animale. L'opinion que l'*hippomanes* était un puissant excitant des désirs amoureux, trouvait une foule de personnes crédules; Virgile (*Georg.* II, 282) et Juvénal (*Satyr.* VI, 133) en donnent la preuve dans leurs vers. Ovide seul, non moins grand poète que bon philosophe, a dit, en parlant de l'hippomanes (*de Art. am.* II, v. 99):

> Fallitur, Æmonias si quis decurrit ad artes,
>   Datque quod a teneri fronte revellet equi;
> Non faciunt ut vivat amor Medeïdes herbæ,
>   Mixtaque cum magicis nænia Marsa sonis.
> Sit procul omne nefas : ut ameris, amabilis esto.

Divers commentateurs ont cherché sérieusement à déterminer le nom de la plante ἱππομανὲς, et Anguillara (p. 233) a désigné le *Datura Metel*, plante originaire de l'Asie; d'autres ont voulu croire que c'était le

D. *Stramonium* (L.). Ces plantes ne se trouvent que dans les champs; l'instinct des chevaux les en éloigne constamment; et s'il arrivait qu'ils en eussent mangé, ce qui est peut-être sans exemple, l'empoisonnement se manifesterait par divers accidents, absolument différents des effets que les anciens croyaient produits par l'*hippomanes*. Saumaise, désirant mettre Théocrite d'accord avec les auteurs grecs, veut qu'au lieu de lire φυτὸν, on lise ϰυτον, et débite, pour donner crédit à cette variante, une fable indigne de trouver place ici. La correction proposée par ce commentateur n'a pu être adoptée, car elle n'est justifiée par l'autorité d'aucun manuscrit.

Cfr. sur l'*hippomanes*, les passages cités d'Aristote et de Pline; les *Mémoires de l'Académie des Sciences*, 1751, où se trouve, sur ce sujet, un article curieux, dû à M. Daubenton; enfin, l'article *Hippomanes* de l'*Encyclopédie méthodique*. On dit qu'il existe au Chili une plante (*Hippomanica insana*, de Molina', *Yerba loca*, des indigènes), qui croît abondamment dans les prairies, et qui rend furieux les animaux qui la paissent, et notamment les chevaux.

ÌTÉA (ή). Le Saule.

Ἀχθόμενοι σαχέεσσι βραχίονας ἰτείνοισιν.
Ayant chargé leurs bras de boucliers de *saule*.

Εἰδ. XVI, v. 79.

Ἰτέα doit être traduit par le mot saule, *salix* des Latins, dans le sens vulgaire, et sans désignation d'espèce. Les plus anciens boucliers dont se servirent les

Grecs, et qui furent portés par Proetus et Acrisius (Pausan. *Corinth.*), avaient été tressés avec l'osier. Virgile parle des claies d'osier destinées à servir de boucliers.

flectuntque salignas

Umbonum crates.   ÆNEID. VIII, 632.

Aux rameaux flexibles de l'osier succéda le bois de saule, de peuplier, de figuier, de hêtre; bientôt on les revêtit de cuir, d'abord nu, puis recouvert de lames de bronze et de divers autres métaux précieux.

K.

ΚΆΛΑΜΟΣ (ὁ). Le Roseau.

Θαρσεῦσ' ἄμμιν ὑμάρτη πόλιν ἐς Νείλεω ἀγλαὰν,
῞Οππα Κύπριδος ἱρὸν καλάμῳ χλωρὸν ὑφ' ἀπαλῷ.

Accompagne-nous en secret dans l'illustre ville de Neilée où le temple verdoyant de Cypris s'élève parmi les *roseaux*.

Εἰδ. XXVIII, v. 3.

Le mot latin *arundo*, roseau, traduit exactement le mot grec κάλαμος; chercher à préciser l'espèce, serait un travail superflu. La Sicile possède plusieurs espèces particulières, mais néanmoins les *A. Donax* et *Phragmites* y sont les plus communes.

Cfr. *Flore de Virgile*, p. 21, et nos *Comment. sur Pline*, liv. XVI, notes 329 et suivantes.

ΚΈΔΡΟΣ (ἡ). L'Oxycèdre.

Ὡς τέ νιν αἱ σιμαὶ λειμωνόθε φέρβον ἰοῖσαι
Κέδρον ἐς ἀδεῖαν μαλακοῖς ἄνθεσσι μέλισσαι.

Et comment les abeilles venant des prairies le nourrirent
du suc des tendres fleurs dans sa prison de *cèdre*.

Εἰδ. VII, v. 80.

Ce cèdre, κέδρος, ne peut être rapporté au cèdre du
Liban, mais plus vraisemblablement aux grands
genévriers, *Juniperus phœnicea* et *Oxycedrus*, dont les
troncs acquièrent des proportions assez considérables,
et peuvent fournir un bois très propre à faire des
meubles. Dans cette fable gracieuse, Théocrite suppose
que son berger est renfermé dans un cercueil de cèdre,
et l'on sait que la plupart des cercueils dans lesquels
les Égyptiens mettaient leurs morts étaient de bois de
genévrier-cèdre ; le choix fait par le poète n'est donc
pas arbitraire, et repose sur la connaissance qui lui était
parvenue, de l'usage auquel les Égyptiens employaient
le genévrier-cèdre. Il y a entre les Siciliens et les Africains une foule de rapprochements curieux à faire, et
qui tous prouvent d'anciennes et nombreuses relations.
Voici la concordance synonymique des cèdres-genè-
vriers :

דתם, *Joh.* 30, 4, 1 ; *Reg.* 19, 5.

Κέδρος, Theoph. *Hist. pl.* I, 16, 3, 12 ; Dioscor.
I, 106.

Βράθυς ἕτερον, Ejusd. I, 105.

Κέδρος, Theocr. *loc. comm.*

Κέδρος, Græc. recent.

Cedrus minor, Plin. XIII, 11.

Cedrus magnus seu Cedre late, ejusd. XXIV, 12.

Oxycedrus Latinor.

Juniperus Oxycedrus, et peut-être aussi le *Juniperus phœnicea*, Linn. *Sp. pl.* 1470.

Les Genévriers oxycèdre et de Phénicie.

ΚΈΔΡΟΣ (ἡ) εὐώδης. Le Cèdre odorant.

Καὶ τόδ' ἀπ' εὐώδους γλύψατ' ἄγαλμα κ έ δ ρ ου.
Et il a fait sculpter cette statue de *cèdre odorant*.

'Επιγρ. VII, v. 4.

Ce κέδρος, dont on faisait des statues, est le grand cèdre ou cèdre du Liban, qui dans les temps reculés se trouvait vraisemblablement dans une foule de localités. L'accroissement de ce bel arbre est si lent qu'il n'a pu être remplacé que bien difficilement sur les montagnes où il se plaît de préférence. Virgile nous apprend aussi qu'on en faisait des statues pour orner les palais :

Quin etiam veterum effigies ex ordine avorum
Antiqua e *cedro :* Italusque, paterque Sabinus
Vitisator, curvam servans sub imagine falcem,
Saturnusque senex, Janique bifrontis imago,
Vestibulo adstabant. Æneid. VII, v. 177.

« Là s'élevaient, dans le vestibule, d'anciennes statues de cèdre qui offraient les images des ancêtres (du roi), rangées par ordre ; on y voyait Italus, et Sabinus représenté une serpe à la main, pour rappeler qu'il se plut à cultiver la vigne; le vieux Saturne et Janus au double front.....»

Nous avons consacré trois longues notes, dans nos *Commentaires sur Pline* (liv. XIII, notes 79, 80 et 81), aux arbres connus des anciens sous le nom de *cedrus;* nous ne reproduirons pas ici ce travail, qu'on peut consulter; nous nous contenterons de résumer la partie de cette dissertation qui a rapport au cèdre. Il nous a semblé prouvé : 1° que les anciens Grecs connaissaient le bois de cèdre, mais que probablement ils n'avaient point vu l'arbre qui le produit; 2° que sous le nom de cèdre ils confondaient évidemment une foule de conifères et surtout des *juniperus;* 3° et enfin, que la synonymie de cet arbre est vacillante et incertaine. Nous l'avons établie néanmoins comme il suit :

אֶרֶן, *Paralip.*

شَرْبِين, Arab.

Κέδρος, THEOPH. *Hist. pl.* IV, 5, *de Causis,* 8, 2 ; THEOCR. *Epigr.* VII, 4; NICAND. *in var. loc.*

Cedrus, VIRG. *Æneid.* VII, 177.

Pinus Cedrus, L. *Sp. pl.* 1420.

Le Cèdre du Liban.

ΚΙΣΣΌΣ (ὁ). Le Lierre.

Τῶ περὶ μὲν χείλη μαρύεται ὑψόθι κισσὸς.
Autour des bords (de la coupe) se déroule le *lierre.*

Εἰδ. I, v. 29.

Καὶ ὁ τὸν κροκόεντα Πρίηπος
Κισσὸν ἐφ' ἱμερτῷ κρατὶ καθαπτόμενος.

Et Priape ajustant sur sa tête le *lierre* couleur de safran.

’Επίγρ. III, v. 3.

Quoique le lierre n'ait pour lui que la verdure éternelle de ses feuilles, et que ses fleurs soient fort peu remarquables, néanmoins le rôle qu'il joue dans les harmonies du paysage en a fait l'une des plantes dont le nom a le plus souvent figuré dans les écrits des poètes bucoliques. Aujourd'hui même, que le lierre ne couronne plus la statue des dieux, et qu'il est inusité dans les cérémonies religieuses, il a encore sa place dans les vers de nos poètes et les tableaux de nos paysagistes. Le lierre qui s'attache à un tronc vigoureux, c'est la faiblesse qui cherche un appui; la colonne brisée qu'entourent les rameaux de cet arbuste flexible, c'est le passé et le présent, la mort et la vie; et quoique ces emblèmes soient presque devenus des lieux communs, ils causent toujours une vive émotion au philosophe qui les contemple, et font quelquefois naître une pensée profonde dans le cœur de l'homme superficiel que rien ne peut pénétrer.

Virgile a parlé souvent du lierre, et toujours en grand poète. Il en couronne le front des poètes vainqueurs et celui des guerriers; il le suspend aux arbres, et, comme Théocrite, en embrasse les contours d'une coupe célèbre, ouvrage d'un sculpteur fameux.

> . . . . .pocula ponam
> Fagina, cælatum divini opus Alcimedontis:
> Lenta quibus torno facili superaddita vitis
> Diffusos *hedera* vestit pallente corymbos.
>
> Ecl. III, v. 36.

Ce passage et l'églogue tout entière sont imités de Théocrite, mais, quand Virgile imite, il semble créer encore, et sa supériorité lui reste tout entière.

Voici la concordance synonymique du lierre dans l'acception générale du mot :

Κισσὸς et Κιττὸς, Theoph. III, 18.

Κισσὸς, Theocr. *loc. comm.*; Plutarch. *Symp.* 3, *Prob.* 2; Diosc. II, 200.

Κισσὸς et Κισσὸν, Græc. recent.

Edera, Cat. 52.

Edera pallens, Virg. *Ecl.* III, 39.

Edera nigra, Ejusd. *Georg.* II, 258.

Edera, Plin. XVI, 35; XXII, 10.

Hedera Helix des Botanistes et ses variétés.

KNÝZA (ἡ), pour κόνυζα. L'Aunée ou Inule visqueuse.

. . . . ὅπα καλὰ πάντα φύοντι
Αἰγίπυρος, καὶ κνύζα, καὶ εὐώδης μελίτεια.

Où naissent les meilleures plantes, l'égipyrus, la *cnyze* et la mélisse odorante. Eἰδ. IV, v. 25.

Le mot κνύζα est le même mot que κόνυζα, contracté. C'est donc à tort qu'on a voulu en faire un nom particulier applicable à une sorte de labiée. Il est prouvé que le nom de *conyza* était donné à deux sortes de synanthérées, et nous serions embarrassés de décider à laquelle il faut accorder la préférence, si nous n'étions conduits, par le sens même du vers que nous commentons, à choisir le κόνυζα ἄῤῥην (conyze mâle) de Théophraste. En effet, Théocrite met la conyze au rang des meilleures plantes, et la place entre l'*œgypyrus* et la mélisse; si ce poète a connu les deux conyzes, il a dû nécessairement parler de la plus estimée, et désigner la conyze mâle; on sait que les anciens donnaient la qualification de mâles aux espèces ou aux variétés d'une même plante, douées, à leur sens, des propriétés les plus énergiques. Ce ne fut que bien long-temps après eux qu'on en vint à séparer les plantes dioïques en mâles et en femelles suivant qu'elles n'avaient que des étamines ou des pistils. Ces considérations me font adopter sans hésiter la concordance synonymique suivante :

Κόνυζα, Hipp. *Morb. mul.* II, 650; Nicand. *Ther.* 70, 94 et ailleurs.

Κόνυζα ἄῤῥην, Theoph. *Hist. pl.* VI, 2.

Κόνυζα μεγάλη, Diosc. III, 136.

Κνύζα, Theocr. *Idyll. loc. comm.*

Κόνυτζα, Græc. recent.

Conyza mas, Plin. XXI, c. 32.

Inula viscosa, Linn. *Sp. pl.* 1209.

L'Inule ou Aunée visqueuse (1).

Cfr. *Comment. sur Pline*, XXI, note 119.

ΚΟΜΑΡΟΣ. L'Arbousier.

. . . . καὶ ἐν κομάροισι χέονται.

(1) Le Κόνυζα θῆλυ, *conyza fœmina* de Pline, est l'*Inula Pulicaria* de Linné, *Sp. pl.* 1238.

Mes chèvres se couchent sur des feuilles d'*arbousier*.

Eἰδ. V, 129.

L'arbousier est l'un des arbres qui croissent le plus fréquemment dans les régions méridionales de l'Europe; il se plaît surtout dans les lieux incultes et montueux. Ses fruits, qui ont une ressemblance frappante avec la fraise, lui ont valu le nom de fraisier en arbre. Quand ses branches sont couvertes d'arbouses (car tel est le nom qu'on donne à ses fruits), il est assez gracieux, et l'œil s'arrête avec plaisir sur sa cime, qui brille alors d'un vif coloris. Virgile a parlé de l'arbousier dans une foule de passages de ses Églogues et de ses Géorgiques. Un observateur aussi exact devait souvent le faire figurer dans ses tableaux, car il est peu de paysages dans les montagnes de la riante Italie qui ne montrent le cytise fleuri ou le vert arbousier. Voici la concordance synonymique que nous en avons donnée (*Comm. sur Pline.* XV, note 199):

Κόμαρος, Theoph. III, 16; Theocr. *loc. comm.;* Diosc. I, 175.

Κουμαρία, Græc. recent.

Arbutus et *Arbutum*, Latin.

Arbutus grata hædis, viridis, frondens, horrida, Virg. *Ecl.* III, 82; VI, 46; *Georg.* I, 148, etc.; Hor. *Carm.* I, 16; Colum. VII, 9; Plin. XV, 28.

Arbutus Unedo, Linn. *Sp. pl.* 566.

L'Arbousier ou Fraisier en arbre.

Le fruit κόμαρον, μεμαίκυλον, μιμαίκυλον, Athen. II, 9, etc.

Arbutum des Latins.

KÓTINOΣ (ἡ).

Σίττ' ἀπὸ τᾶς κοτίνω, ταὶ μηχάδες.

Chèvres, éloignez-vous du *fustet* sauvage.   Εἰδ. V, 100.

Le κότινος est le fustet, *Rhus Cotynus* (L.)', arbrisseau fort commun dans nos provinces méridionales
et en Sicile. Il n'était pas besoin que Théocrite conseil-
lât à ses chèvres de s'éloigner de ce sumac; toutes les
espèces du genre *rhus* ont des propriétés nuisibles,
et il suffit de l'instinct des chèvres pour les empêcher d'y porter une dent imprudente. Voici quelle est
la concordance synonymique du κότινος :

Κότινος , THEOCR. *Idyll. loc. comm.* ; MOSCH.
Idyll. V, 10 ; THEOPH. *Hist. pl.* III, 16.

Κοκκονιλεία, et Χρυσόξυλον, Græc. recent.

Cotynus, PLIN. XVI, 3o.

Cocconilea, quorumd.

Coccygia, PLIN. XIII, 20.

Scotano, Ital. mod.

Rhus Cotynus, LINN. *Sp. pl.* 3839.

Le Fustet.

KPÍNON (τὸ) λευκόν.

. . . . ἔφερον δέ τοι ἢ κ ρ ί ν α λ ε υ κ ὰ,
Ἦ μάκων' ἁπαλὰν, ἐρυθρὰ πλαταγώνι' ἔχοισαν.

Je te porterai, ou des *lis blancs*, ou le pavot délicat, dont on
fait claquer les pétales rouges.   Εἰδ. XI, v. 56.

5

Cette belle plante, dont le port est si majestueux et dont la fleur est d'un blanc si pur, est originaire de l'Asie mineure, contrée où abondent les plantes bulbeuses. Les Grecs ont cultivé le lis dès les temps les plus reculés. Moins anciennement connue que la rose et que les violettes, cette plante a dû jouer un rôle moins important dans la composition des couronnes. On trouve sur des bas-reliefs la fleur du lis entre les mains de Junon, de Vénus et de l'Espérance. Vénus, dit Clément d'Alexandrie, l'aimait beaucoup. (*Pædagog.* liv. II, c. 8.) Apulée a donné au lis le nom de rose de Junon, et Dioscoride l'a décoré de l'épithète de royal. Les modernes cultivent fréquemment cette plante, moins appréciée peut-être depuis l'introduction dans nos jardins d'une foule de belles monocotylédones exportées des pays lointains. On sait que les lis ne figurent dans les armes de nos rois que depuis la croisade de Louis-le-Jeune. Avant le règne de ce monarque, l'oriflamme était parsemé de fers de lance, dans lesquels on a cru reconnaître, et mal à propos, d'abord un *iris, J. Pseudoacorus* (L.), puis, enfin, un *lis*, le *Lilium candidum* (L.).

שׁוּשַׁנָּה, *Cant. Cant.* II, 1.

Κρίνον, THEOPH. *Hist. Plant.* VI, 6; THEOCR. . *c.*

Κρίνον βασιλικὸν, DIOSC. III, 116.

Κρίνος, Græc. recent.

Lilium, Latinor.

Rosa Junonis, APUL.

Συμφαιφοῦ, Ægypt. antiq.

سوسن, AVICENN. 220.

ᴁᲧ des Pers.

Lilium candidum, Linn. *Sp. pl.* 433.

Le Lis blanc.

ΚΡΌΚΟΣ ξανθὸς. Le Safran jaune.

Αἱ δ᾽ αὖτε ξανθοῖο κρόκου θυόεσσαν ἐθείρην
Δρέπτον ἐριδμαίνουσαι.

Celles-ci cueillaient en folâtrant la fleur odorante du *safran doré*.   Mosch. II, 68.

L'épithète de *jaune*, donnée par Moschus au safran, est aussi juste que celle de *rougeâtre* donnée par Virgile. L'une s'applique à la corolle et l'autre aux filets des étamines. Cette plante, cultivée en France, croît spontanément dans diverses régions de l'Europe. On la trouve en Sicile et dans les champs de presque toute la Grèce; les montagnes de l'Attique en sont couvertes. Il était impossible qu'une plante aussi remarquable ne figurât pas dans les écrits des poètes de l'antiquité, aussi la plupart d'entre eux en ont-ils parlé, ainsi qu'on peut le voir par la concordance synonymique suivante :

Κρόκος et Κρόκον, Hom. *Iliad.* Ξ, 348; *Hym. in Pan,* 25; Theoph. *Hist. pl.* VI, 6; Theocr. *l. c.*; Mosch· *Idyll.* I, 67; Diosc. I, 25; Callim. *Hym. in Apoll.*

Crocus, Virg. *Georg.* I, 56; IV, 182; *Culex,* 400; Colum. III, 8; IX, 4; Plin. XXI, 17; Veget. IX, 22, etc.

Crocus sativus, Linn. *Spec. pl.* 5o.

Le Safran cultivé.

ΚΎΑΜΟΣ (ἡ). La Fève.

. . . . κύαμον δέ τις ἐν πυρὶ φρυξεῖ.

Et l'on fera rôtir les *fèves* dans le feu.   Εἰδ. VII, 66.

Le régal de fèves rôties que se promet le berger Lyci-
das ne tenterait guère nos plus sobres cultivateurs ; les
castanæ molles de Virgile sont bien préférables. Le
κύαμος, *faba* des Latins, est notre *Faba vulgaris*. Voici la
synonymie de cette légumineuse, sur laquelle on pourra
trouver de plus longs détails dans la *Flore de Virgile*,
p. 52, et dans les *Comm. sur Pline*, liv. XVIII, note 183 :

Κύαμος, THEOCR. *loc. comm.;* PLUT. *Po lit.* 2;
DIOSC. II, 127; HOM. *Iliad.* XIII, 589.

Κύαμος ἑλληνικὸς, HIPPOCR. *Morb. mul.* I, 608;
THEOPH. *Hist. pl.* VIII, 3.

Faba, VIRG. *Georg.* I, 215; CATUL. 35; VARR.
I, 44; COLUM. II, 10; PLIN. XVIII, 7 et 12.

Fabulum, AULU-GELL.

Faba vulgaris, MOENCH. *Meth.* 150.

La Fève de marais.

ΚΥΚΛΆΜΙΝΟΣ (ἡ).

Κἠγὼ μὲν κνίσδω, Μόρσων, τινά· καὶ τὺ δὲ λεύσσεις.
Ἐνθὼν τὰν κυκλάμινον ὄρυσσέ νυν εἰς τὸν Ἄλεντα.

Et moi je pique quelqu'un, ne le vois-tu pas, Morson !
Cours sur les bords de l'Halès arracher le *cyclame*.

Εἰδ. V, 123.

Le Cyclame d'Europe, auquel on rapporte avec
raison le κυκλάμινος des Grecs, est une plante fort re-

marquable, qui croît sur les montagnes de presque toute l'Europe. La singularité de forme de sa fleur et de sa racine a dû attirer de bonne heure l'attention des observateurs, aussi lui a-t-on fait jouer un rôle important en médecine. Les deux vers de Théocrite sont d'une interprétation difficile, ils renferment une ironie amère. Lacon s'écrie, après avoir reproché à Comate plusieurs turpitudes : « Je viens de piquer mon rival ; cours sur les bords de l'Halès chercher le cyclame. » Cette plante était renommée contre la morsure des serpents, et Lacon, après s'être servi du mot *piquer* (irriter), dans le sens de faire une morsure, indique l'antidote dont il faut se servir.

Voici la synonymie à laquelle il convient de ramener le cyclame :

Κυκλάμινος, Hippocr. *Morb. mul.* I, 612 ; Theoph. *Hist. pl.* IX, 50 ; Theocr. *loc. cit.* ; Nicand. *Ther.* 945 ; Diosc. II, 194.

Κυκλαμίδα, Græc. recent.

Cyclamen seu tuber terræ, Plin. XXV, 68.

Cyclamen hæderifolium, Ait *Hort. Kew.* v. I, 196.

Le Cyclame à feuilles de lierre.

ΚΎΜΙΝΟΝ (τὸ). Le Cumin.

Μὴ 'πιτάμῃς τὰν χεῖρα καταπρίων τὸ κύμινον.

Prends garde de te blesser la main en coupant le *cumin*.

Εἰδ. X, 55.

Le cumin est une ombellifère dont la semence est employée comme condiment. Les Orientaux en font un

usage assez fréquent dans la préparation de leurs aliments. La médecine range le cumin parmi les carminatifs.

Le passage dans lequel se trouve le vers cité est difficile à entendre et à expliquer. Les anciens se servaient
du mot κύμινον pour donner l'idée d'une avarice sordide;
c'est pourquoi un homme fort avare était qualifié de
κυμινοπρίστης. (Voyez la confirmation de cette assertion
dans le traité d'Aristote, intitulé les Morales.) Athénée
(lib. VIII) cite les deux vers suivants d'Alexis, dont le
sens est le même que celui du vers de Théocrite.

Ἀλλ' εὖ οἶδ' ὅτι
Κυμινοπρίστης ὁ τρόπος ἐστί σοι πάλαι.

Hésychius appelle les avares καρδαμογλύφοι. La graine
du cumin et celle du cresson alénois étaient fort communes et presque sans valeur; ainsi on a pu dire avec
raison : Cet homme est si avare qu'il étend ses calculs
jusque sur la graine de cumin ou de cresson.

כמרלן, Esdr. XXVIII, 25.

Κύμινον, Hipp. *de Morb. mul.* I, 603.

Κύμινον βασιλικόν, Theoph. *Hist. pl.* VII, 4; Ni-
candr. *Ther.* 601, 710, etc.; Dioscorid. III, 68;
Theocr. *loc. comm.*

Καρναβάδιν, Simeon Seth.; Plin. XX, 57; Pallad. *Apr.* tit. 10.

Cuminum Cyminum, Linn. *Sp. pl.* 305.

Le Cumin.

Il se pourrait que κυμινοπρίστης signifiât un scieur de
cumin? Si c'est là le sens à donner à ce mot grec, le
poète aurait voulu montrer ici l'excès d'avarice d'un

homme en le montrant prêt à couper en deux un grain
de cumin, parce qu'il trouve que c'est une portion déja
trop grosse. Ici, l'avarice ne serait pas indiquée par le
peu de valeur du cumin, mais par l'exiguité de ses proportions, ce qui rend ridicule le dessein de partager un
si chétif corpuscule.

L'évangile tire du cumin une métaphore semblable :
« Malheur à vous, pharisiens, qui (par une exactitude
minutieuse) payez la dîme de (tout, jusqu'à la plus
mince graine de) l'aneth et du cumin, tandis que vous
négligez la miséricorde et la justice.

ΚΥΝΌΣΒΑΤΟΣ (ὁ). L'Églantier.

Ἀλλ' οὐ σύμϐλητ' ἐστὶ κ υ ν ό σ ϐ α τ ο ς οὐδ' ἀνεμώνα
Πρὸς ῥόδα τῶν ἄνδηρα παρ' αἱμασιαῖσι πεφύκει.

Mais ni l'*églantier* ni l'anémone ne doivent être comparés
aux roses dont les fleurs naissent autour des haies.

Εἰδ. V, v. 92.

Sans doute, la rose sauvage ne peut être comparée à
la rose des jardins, mais elle est loin néanmoins d'être
sans agrément. Les fleurs agrestes reçoivent un nouvel
agrément du lieu où elles croissent. Dans nos parterres,
les fleurs sont groupées avec art, mais l'éclat dont elles
brillent est diminué d'autant par l'éclat de chacune d'elles. L'œil erre long-temps avant de se fixer, et souvent
la satiété arrive au moment de faire un choix. La rose
sauvage qui étale tout le luxe de sa floraison dans le
grand nombre de ses étamines dorées, dans le brillant
coloris de son fruit, et dans la suavité de son odeur,
a le droit d'arrêter aussi les regards. Plus modeste que

la rose à cent feuilles, mais entourée de fleurs plus modestes encore, la rose sauvage est toujours la reine des fleurs dans les localités où elle se plaît à vivre.

Les Grecs lui avaient donné par mépris le nom de χυνός βατος, rose de chien, et ce nom est encore le sien dans beaucoup de pays; nous ne tenterons pas de la venger de ce qu'on a voulu lui donner un nom méprisant. Que l'homme est inconséquent et ingrat! Un seul animal l'aime, le sert d'une manière désintéressée; un seul répond par des caresses à la main qui le frappe; un seul sait se dévouer et rester fidèle au malheur, et c'est lui qui, entre tous les animaux domestiques, est accablé de plus de traitements injustes, et qu'on semble mépriser davantage.

ΚΥΠΑΡΙΣΣΟΣ (ἡ). Le Cyprès.

Ἐντὶ δάφναι τηνεὶ, ἐντὶ ῥαδιναὶ κυπάρισσοι.
Ici sont des lauriers, là des *cyprès* flexibles.

Εἰδ. XI, v. 45.

Le cyprès est un arbre trop connu pour qu'il soit besoin de lui consacrer un long article. La forme pyramidale qu'il doit à ses rameaux, presque exactement appliqués contre le tronc, et la verdure sombre et éternelle de ses feuilles, donnent l'idée de l'immobilité et de la mort. Il croît sans que l'œil puisse suivre les progrès de sa végétation, se couvre de fruits, sans avoir fait admirer l'éclat de ses fleurs, et s'élève sur un tronc souvent énorme, sans que ses dimensions puissent être facilement appréciées. Les êtres vivants semblent s'en éloigner; les quadrupèdes ruminants ne portent jamais la dent sur son triste feuillage; et l'oiseau chanteur n'y

construit son nid que bien rarement. L'homme lui-
même ne l'associe ni à ses jeux ni à ses plaisirs; et s'il
joue un rôle, c'est uniquement dans les mythes et les
cérémonies funèbres.

La place que le cyprès occupe dans les idylles de
Théocrite est trop peu importante pour qu'il soit besoin de faire connaître les particularités historiques qui
lui sont propres; nous allons nous contenter d'en
donner la synonymie:

כבר, Bibl. sacr.

Κυπάριττος εὐώδης, Hom. *Odyss.* E. 64; Theophr.
Hist. pl. IV, 6; Diosc. 1, 102; Mosch. *Idyll.* V,
45, 52.

Κυπάρισσος, Theocr. *loc. comm.*

Κυπαρίσσια, Græc. recent.

Cupressus et cyparissus atra, *conifera*, *feralis*,
idæa, Virg. *in variis locis.*

Cupressus, Cat. *de Re rust.* 28; Plin. XVI, 60;
Veget. I, 26.

Cupressus semper virens, Linn. *Sp. pl.* 495.

Le Cyprès toujours vert.

Cfr. sur le Cyprès *Flore de Virg.* p. 44; *Comm. sur
Plin.* liv. XVI, notes 300 à 311.

ΚΎΠΕΙΡΟΣ (ὁ). Le Souchet odorant.

.............τουτῶ δρύες, ὦδε κύπειρος
Ici sont des chênes; ici est le *souchet.* Εἰδ. V, 45.

Ἔνθεν βούτομον ὀξὺ, βαθὺν δ' ἐτάμοντο κύπειρον.

Là ils coupèrent le butome à feuilles aiguës et le *souchet* épais.   Ειδ. XIII, 35.

Dans l'un et l'autre de ces passages le poète fait voir clairement que le κύπειρος est une plante des rivages ; les autres auteurs grecs le disent plus positivement encore, et l'on ne peut penser un instant que cette plante soit différente de celle qu'ils décrivent sous ce nom de κύπειρος. Dioscoride lui donne des feuilles semblables à celles du porreau, mais plus longues et plus grêles, une tige triangulaire, de la hauteur d'une coudée et plus, portant à son sommet des petites feuilles, au milieu desquelles se trouvent les semences. Les racines, noires à l'extérieur, sont de la grosseur d'une olive, arrondies et réunies en chapelets ; leur odeur est suave et leur goût amer. C'est dans les marais qu'on le trouve. Certes, il n'y a pas à hésiter, et c'est bien là le souchet rond, *Cyperus rotundus* (L.) ; nous croyons donc pouvoir proposer hardiment la synonymie suivante:

קנה אחו, *Bibl. sacr.* ?

Κύπειρον, Hom. *Odyss.* XXI, 391 ; Hippocr. *Vict. acut.* 409.

Κύπειρος ὁ ἕτερος, Theoph. *Hist. pl.* IV, 11.

Σχοῖνος, ejusd. IX, 19.

Κύπειρος καὶ ἐρυσίσεπτρον, καὶ ἀσπάλαθον, Diosc. I, 4.

Κύπειρος, Theocr. *loc. comm.*

Ζέρνα, Pseud. Democr. *in Geopon.* XII, 6.

Κυπείρη, Græc. recent.

Juncus cyperus dictus, Plin. XXI, 79, *et la racine cyperis.*

Cyverus rotundus, Linn. *Sp. pl.* p. 67.
Le Souchet rond.

Quelques étymologistes veulent faire dériver le mot
cyperus du nom de Vénus, *Cypris*, parce que les racines
sont aphrodisiaques. Nous n'adoptons pas cette opinion,
et nous pensons bien plutôt que l'origine de ce mot
se perd dans la nuit des temps.

ΚΎΤΙΣΟΣ (ὁ). Le Cytise.

Ταὶ μὲν ἐμαὶ κύτισόν τε καὶ αἴγιλον αἶγες ἔδοντι.
Mes chèvres broutent le *cytise* et l'ægylon.

Εἰδ. V, 128.

Ce κύτισος est vraisemblablement la même plante que
le *cytisus* des Latins, le même dont Virgile parle avec
une sorte d'amour, et en accompagnant presque toujours son nom de l'épithète de *florens*. C'est cette fleur
chérie des abeilles et des chèvres; elle distend d'un lait
plus pur les mamelles des vaches qui s'en repaissent,
et augmente les précieux produits de la ruche. Plusieurs commentateurs ont désigné pour cette plante
notre cytise aubours, *Cytisus Laburnum* (L.), si abon-
dant sur les versants méridionaux des Alpes, et même
sur les montagnes sous-alpines, puisque nous l'avons
recueilli sur les monts Salèves près de Genève, où il croît
abondamment. Mais comme cette légumineuse, si remarquable par les belles grappes dorées qui chargent
son tronc ne se trouve pas en Grèce, on a cru devoir
désigner de préférence le *Medicago arborea* (L.). Il
abonde dans toute l'Europe méridionale, et la grâce de

ses jolies fleurs, ainsi que leur durée, a pu justement lui mériter l'épithète de *florens*. Les herbivores en sont très friands, et les abeilles vont butiner ses fleurs bien plus souvent que celles de l'aubours.

Nous avons cherché à établir que le *Cytisus nigricante ligno* de Pline différait de ce *Cytisus apibus et capellis gratus*, et l'on peut lire à ce sujet la dissertation que nous avons donnée dans la Bibliothèque universelle de Genève (année 1830); nous devons nous contenter de donner ici la concordance synonymique du cytise des poètes :

Κύτισος, THEOCR. *loc. comm.*; non THEOPH. DIOSC. IV, 113; HESYCH. *Lexic.*

Cytisus florens, apibus et capellis gratus, VIRG. *Ecl.* I, 79; II, 64; X, 30; *Georg.* II, 481; III, 394; COLUM. *de Re rust.* V, 12; VII, 6, etc.; PLIN. *Hist. nat.* XIII, 49.

Medicago arborea, LINN. *Sp. pl.* 376.

Cytisus Maranthæ, LOB. *Icon.* t. 2, p. 46.

La Lucerne arborescente.

Λ.

ΛΕΊΡΙΟΝ. Le Narcisse.

Ἦ ὁπότ' ἐκ λειμῶνος ἐΰπνοα λ ε ί ρ ι α κέρσοι.

Ou bien (Europe) cueillait dans les prés les lis odorants.

Mosch. II, 32.

Ce mot λείριον était, chez les Grecs, synonyme de κρίνον, mais chez les Attiques il signifiait *narcissus*. Nous serions bien tentés de lui donner ici cette signification. Le lis blanc n'est pas une plante qui croisse spontanément dans les prés : suivant Sibthorp, on le trouve en Thessalie ; mais je ne pense pas qu'on l'ait jamais observé en Sicile ailleurs que dans les jardins. La scène se passe en Afrique et sur les rivages de Phénicie, mais Moschus, en racontant la fable de l'enlèvement d'Europe, n'a point voulu sans doute peindre la nature africaine ; ainsi nous ne chercherons pas à reconnaître une plante d'Afrique dans le λείριον de cet auteur : ce sera pour nous une plante sicilienne. Il est toutefois impossible de décider si par ce mot λείριον, il faut entendre le lis ou le narcisse. Le poète aurait pu très-bien mettre des lis dans les localités où cette plante ne croît pas ; ce sont des licences qui ne tirent point à conséquence, et que nos écrivains se permettent sans scrupule.

Voyez κρίνος et νάρκισσος, ainsi que le mot *Lilium* de notre *Flore de Virgile ;* Cfr. aussi nos *Commentaires sur Pline.*

ΛΕΎΚΗ (ἡ). Le Peuplier blanc.

Κρατὶ δ' ἔχων λευχὰν Ἡραχλέος ἱερὸν ἔρνος.

Ayant sur sa tête le *peuplier blanc*, plante consacrée à Hercule. Εἰδ. II, v. 121.

Il n'est pas un poète bucolique qui n'ait parlé dans

ses vers des peupliers ; ces arbres font la base princi-
pale des paysages européens; leur port est élégant et
majestueux, et le vert de leur feuillage, sombre et foncé
dans le peuplier noir, blanc et cotonneux dans le peuplier blanc, contraste d'une manière agréable avec l'o-
livier rabougri à la feuille grisâtre, et avec les saules,
plus humbles dans leur taille, et dont le feuillage est
si remarquable par une teinte argentée ou soyeuse.

Sous les noms d'αἴγειρος et de λεύκη, Théocrite et les
auteurs grecs ont évidemment voulu désigner les deux
espèces connues des botanistes, sous les noms de *Populus nigra* et de *Populus alba.* Les Latins ont établi
ces mêmes distinctions dans leurs ouvrages scientifi-
ques, mais les poètes n'ayant pas toujours donné d'é-
pithète, laissent à deviner lequel des deux ils désignent
sous le nom générique de *Populus.* Nous pensons que
c'est le *Populus nigra*, le même qu'on trouvait abondamment sur les bords de l'Achéruse.

Il résulte évidemment du vers cité de Théocrite, que
le peuplier consacré à Hercule était le peuplier blanc
ou λεύκη ; ainsi donc, quand Virgile, qui avait fait une
étude approfondie de Théocrite, dit (Éclog. VII, v. 61) :

> *Populus* Alcidæ gratissima,

et (Georg. II, 66.)

> Herculeæque arbos umbrosa coronæ,

il entend parler du peuplier blanc; nous devrions
donc rectifier l'opinion que nous avons émise (*Fl. de
Virgile*, p. 132), si déja dans la concordance synonymique donnée à la fin de ce même ouvrage, nous n'a-

vions exprimé des doutes sur la désignation du peuplier noir comme étant l'arbre d'Hercule. Cfr. nos *Commentaires sur Pline* (liv. XVI, note 189).

I. Αἴγειρος, Hom. *Odyss.* VII, 106 et XVII, 208; Hesiod. *Scut. Herc.* 377; Theoph. *Hist. pl.* III, 14; Theocrit. *loc. comm.;* Diosc. I, 144.

Καβάκι, Græc. recent.

Populus, Virg. (dans le sens le plus ordinaire), *Georg.* IV, 512 et ailleurs.

Populus nigra, Linn. *Sp. pl.* 1463.

Le Peuplier noir.

II. לִבְנֶה, *Bibl. sacra.*

Ἀχερωΐς, Hom. *Iliad.* XIII, 389; XVI, 482.

Δένδρον λεύκη, Theoph. III, 4; Diosc. I, 109.

Λεύκη, Theoc. *loc. comm.* et Græc. recent.

Populus Alcidæ gratissima, Virgil. *Ecl.* VII, 61.

Populus candida, ejusd. *Ecl.* IX, 41.

Populus alba, Linn. *Sp. pl.* 1463.

Le Peuplier blanc.

ΛΕΥΚΟΙΟΝ (τὸ). Le Galanthe printanier.

Ἦ καὶ λευκοΐων στέφανον περὶ κρατὶ φυλάσσων.

Ou portant autour de sa tête une couronne de blanches violettes.   Εἰδ. VII, 64.

Il est peu de plantes plus célèbres que la violette blanche, λευκοΐον, et il n'en est guère dont la détermination soit plus difficile. Dioscoride (III, 138) se contente de dire qu'on connaît des λευκοΐον à fleurs

5

blanches, bleues, jaunes et pourpres. Il ajoute que l'espèce à fleurs jaunes est surtout usitée en médecine. Ce peu de données a suffi à Sibthorp (*Fl. græc.* II, p. 23-26) pour reconnaître dans le λευκοῖον μέλινον (*colore mellis*), le *Cheiranthus Cheiri* (L. *Sp. pl.* 924); dans le λευκοῖον πορφύρεον, le *Cheiranthus incanus* (L. *Sp. pl.* 924), et dans le λευκοῖον θαλάσσιον (1), l'*Hesperis maritima*, (Tourn. *Inst.* 223). Le docte auteur n'ose rien décider sur le λευκοῖον λευκὸν, qui reste toujours un objet de doute et de controverse. Pline (*Hist. nat.* liv. XXI, 14) dit que la violette blanche a des fleurs durables, et déclare, dans le même passage, que cette plante fleurit la première au retour de la belle saison. Théophraste lui donne le nom de βολϐῶδες et affirme que sa racine est arrondie, ῥίζᾳ στρογγυλὸν (*Hist. pl.* VII, 13). Ces derniers renseignements font voir clairement deux choses, savoir : que Pline a rapporté à une seule et même plante deux circonstances peu faciles à concilier, la durée et la précocité de la floraison, et que le λευκοῖον de Théophraste est une plante tout-à-fait différente des λευκοῖον de Dioscoride. Rapporterons-nous le λευκοῖον de Théocrite à celui de Théophraste, ou à l'un de ceux que nomma Dioscoride? Cet auteur écrivit long-temps après le philosophe d'Érèse et dans l'Asie mineure; il eut la tradition nominale des plantes grecques, et s'il s'instruisit en étudiant les auteurs qui l'avaient précédé, il dut adopter les changements subis dans la nomenclature vacillante des peuples. Il suit de là que pour approcher

---

(1) Dioscoride n'a aucun λευκοῖον portant cette épithète.

de la vérité, dans la détermination des plantes de Théocrite, il faut, quand les descriptions manquent, suivre Théophraste, plus rapproché que Dioscoride des temps où vivait le poète de Syracuse ; c'est ce que nous faisons pour la plante qui nous occupe. Pline la fait fleurir au premier printemps ; or, les plantes printanières à fleurs blanches sont presque sans exception des monocotylédones ; d'ailleurs Théophraste en fait une plante bulbeuse (à racine arrondie) : il y a donc certitude. La première de toutes les plantes bulbeuses qui épanouisse sa fleur est le *Galanthus nivalis* (L.), puisqu'il fleurit en février. Il abonde en Grèce, tandis que le *Leucoïum vernum* (L.), indiqué par d'autres commentateurs, paraît y être rare ; du moins ne le trouve-t-on pas dans la *Flore grecque* de Sibthorp. Nous proposons donc la synonymie suivante :

Λευκόϊον, Theoph. *Hist. pl.* VII, 13 ; Theocr. *oc. comm.*, non Dioscor. non Nicand.

Viola alba prima vere florens, Plin. XXI, 14.

Non *Viola alba diu florens*, éjusd. *loc. cit.*

Galanthus nivalis, Linn. *Sp. pl.* 413.

Le Galanthe (*flos lactis colore*) printanier.

Cfr. sur les *viola* et les λευκόϊον, nos *Commentaires sur* le XXIe livre de Pline.

ΛΩΤῸΣ (ὁ). Le Mélilot.

Πράται τοι στέφανον λωτῶ χαμαὶ αὐξομένοιο
Πλέξασαι, σκιερὰν καταθήσομεν ἐς πλατάνιστον.

5.

Tressant pour toi la première couronne de *lotos terrestre*, nous la suspendrons à ce platane touffu.

Εἰδ. XVII, v. 43.

Nous avons reconnu dans notre dissertation sur les
lotos (*Fl. de Virg.*, p. 95), deux lotos terrestres : l'un
cultivé, *Melilotus officinalis* (L.), l'autre sauvage, *Melilotus cærulea* (L.). Si nous avons rencontré juste, il ne
s'agit plus que de décider à laquelle de ces deux plantes
il convient d'accorder la préférence. Le choix sera
bientôt fait. Ici le lieu de la scène n'est pas une campagne
agreste, et les personnages qui y figurent ne sont pas des
bergers. Douze vierges, appartenant aux premières fa-
milles de Sparte, couronnées d'hyacinthe, se rassemblent
près de l'appartement de Ménélas et d'Hélène pour chan-
ter un épithalame en l'honneur des jeunes époux. Tout
dans leur langage étant recherché, les fleurs qu'elles nomment doivent se trouver parmi les plus suaves et les plus
élégantes ; ce lotos sera donc le lotos cultivé, celui dont
parle Homère, et qui naît sur l'Ida avec le safran et
l'hyacinthe, pour servir de couche aux célestes époux.

Τοῖσι δ' ὑπὸ χθὼν δῖα φύεν νεοθηλέα ποίην,
Λωτόν θ' ἑρσήεντα, ἰδὲ κρόκον, ἠδ' ὑάκινθον
Πυκνὸν καὶ μαλακὸν, ὃς ἀπὸ χθονὸς ὑψόσ' ἔεργε.

« La terre fait sortir de son sein un gazon frais, le
lotos humide, la fleur de safran, et l'hyacinthe épaisse
et tendre qui les soulèvent mollement. » Sans doute Théocrite connaissait ce passage d'Homère (*Iliade*, XIV, 348),
et ce n'est pas sans dessein qu'il nomme le lotos dans un
épithalame. Les ouvrages du chantre d'Achille étaient

le dépôt de toutes les traditions religieuses, et les Grecs les suivaient rigoureusement. Si l'on fait quelque fond sur les traditions nominales, on pense que ce lotos des poètes est la même plante que le λωτὸς, de Dioscoride, et l'on est conduit à adopter la synonymie suivante :

Λωτὸς, Homer. *Iliad.* XIV, 348; *Odyss.* IV. 603; *Hymn. in Merc.* 107; THEOCR. *loc. comm.*
Λωτὸς ἥμερος τρίφυλλος, DIOSC. IV, 311 (1).
Μελίλωτος? THEOPH. *Hist. pl.* VII, 14.
Lotos pratensis Latinor.
قصـب (kadhb) arab.
Melilotus officinalis, LINN. *Sp. pl.* 1078.
Le Mélilot.

M

I. MÁKΩN (pour MÍΚΩN) Ἐρυθρά. Le Coquelicot.

> . . . . ἔφερον δέ τοι ἢ κρίνα λευκά,
> Ἡ μάκων' ἀπαλὰν, ἐρυθρὰ πλαταγών ἔχοισανι'.

Je te porterai, ou les lis blancs, ou le tendre *pavot*, dont les pétales rouges servent à éprouver l'amour. Εἰδ. XI, 56.

Μάκων, dorien, est ici pour μήκων, pavot, dans le

---

(1) Sibthorp (*Fl. græc.* ed. Smith, II, 93) désigne pour le λωτὸς ἥμερος de Dioscoride le *Trifolium Messanense.* LINN. *Mantis.* 275.

sens générique; il doit ici s'entendre du coquelicot, mais nous pensons que sous ce même nom Théocrite a voulu parler du pavot cultivé, *Papaver somniferum* (L.), dans le vers 157 de l'idylle VII; c'est pourquoi nous avons jugé nécessaire de séparer ces deux *Papaver*, dont le rôle économique et mythologique est aussi différent que l'aspect.

Dans tous les temps les peuples ont cherché à fixer l'amour par des philtres ou des enchantements, et ont demandé des présages à tous les corps animés. Il reste encore parmi nous quelques traces de ces croyances enfantines : un amant inquiet consulte le destin en effeuillant une rose ou une marguerite, et chacun connaît cette jolie romance dont un couplet consacre ce préjugé superstitieux.

> Las! sont passés trois jours en grand tourment,
> Espoir va fuir : mais la tendre Brigite
> En folâtrant cueille une *Marguerite*,
> Qu'elle interroge ensuite en l'effeuillant.
> Reviendra-t-il? disait la jouvencelle.
> Point reviendra, disait la blanche fleur.
> Or le beau page était caché près d'elle,
> Qui s'écria : L'oracle est un menteur.

Lorsque les anciens voulaient savoir si quelqu'un les aimait, ils se mettaient une feuille de pavot (τηλέφιλον)(1) sur le dos de la main, sur les épaules ou sur le coude. Si le son qui se faisait entendre, quand on frappait dessus, était mat, ils jugeaient qu'ils n'étaient point aimés; mais si, au contraire, le son était clair, et si on l'en-

---

(1) Οὐδὲ τὸ τηλέφιλον ποτιμαξάμενον πλατάγησεν.

Théocr. Εἰδ III, 29.

tendait de loin (τῆλε), le présage était favorable. Pollux (*lib.* IX, 8) dit quelque chose de cet usage. Horace (*Satyr.* III, lib. 2, v. 271) parle, mais pour s'en moquer, d'une épreuve d'amour tirée des pepins de pomme :

> Quid cum Picenis excerpens semina pomis,
> Gaudes si cameram percusti forte, penes te es ?

Nous réunirons, dans l'article qui va suivre, les synonymies du pavot coquelicot et du pavot somnifère. On peut consulter sur le μάκων ἐρυθρὰ, *Papaver cereale*, de Virgile, nos *Commentaires sur Pline*, liv. XX, note 190; notre *Flore de Virgile*, page 127.

ΜΑΚΩΝ (ἡ). Le Pavot somnifère.

> Δράγματα καὶ μάκωνας ἐν ἀμφοτέρῃσιν ἔχοισα.
> Ayant dans ses mains des gerbes et des *pavots*.

Εἰδ. VII, 157.

Nous avons cherché à établir qu'il s'agissait dans ce passage non du *Papaver Rhœas* (L.), coquelicot, mais bien plutôt du *Papaver somniferum* (L.). En effet, le passage de Théocrite où le pavot est nommé, renferme une prière à Cérès, afin d'obtenir d'elle des récoltes toujours abondantes : « Viens, lui dit-on, tenant dans tes mains et des gerbes et des pavots; » or, le pavot somnifère était consacré à cette déesse. Parmi les épis qu'on lui offrait devaient se trouver des pavots, pour montrer, disent les commentateurs, qu'elle s'en était utilement servie pour calmer la douleur causée par l'enlèvement de Proserpine. Peut-être aussi cette consécration s'explique - t - elle parce que, de tout temps , le pavot a été le symbole de la fécondité et de l'abondance, à cause de la prodigieuse quantité de graines que renferme sa capsule. L'espérance était représentée tenant à la main des épis et des pavots. La distinction, d'ailleurs peu importante, que nous faisons ici est donc suffisamment justifiée. Voici comment nous établissons cette double synonymie :

I. Μήκων. Hom. *Iliad.* VIII, 3o6 ; Theoph. IX, 13 ; Nicand. *Ther.* 851 *et Alexiph.* 431 ; Athen. *Deipn.* III , 6. Μακων , Theocr. *loc. comm.*

Μήκων ἥμερος, Diosc. IV, 65.

Παπαρούνα, Græc. recent.

Papaver sativum , Colum. *de Re rust.* XI, 3 ; Plin. XX, 76 ; Pallad, *Sept.*, Tit. XIII.

Papaver lethæum , *vescum, soporiferum , gelidum* , etc. *Georg.*, I, 78, IV, 131 et 145 ; *Æneid.* IV, 131 ; *Mor.* 75 ; Horat. *Epist.* III , 374 ; Ovid. *Fast.* lib. IV, etc. ; Serv. *ad Georg.* II ; Porphyr. *apud Euseb. Præparar.* lib. II. etc.

Papaver somniferum , Linn. *Sp., pl.* 626.

LePavot des champs (1) , ou Pavot somnifère.

II. Μάκων ἐρυθρὰ , Theocr. *Idyll.* XI, 56.

Μήκων ῥοιὰς καλουμένη , Theoph. *Hist. pl.* IX , 3.

Μήκων ῥοιὰς καὶ πιθίτις, Diosc. IV, 64 ; Galen. *de fac. med.* VII, 12.

_____

(1) Il abonde en Grèce dans les champs cultivés.

Παπαρούνα (1) καὶ πετηνὸς, *quasi crista galli*, Cypriot. recent.

Papaver cereale, Virg. *Georg.* I, 212; Colum. X, 314.

Papaver erraticum, Plin. XX, 76.

Papaver Rhœas, Linn. *Sp. pl.* 726.

Le Coquelicot ou pavot rouge.

ΜᾶΛΟΝ. (τὸ) La Pomme.

Ὄχναι μὲν πὰρ ποσσὶ, παρὰ πλευρῇσι δὲ μᾶλα.
Des poires à nos pieds, des *pommes* à nos côtés.

Εἰδ. VII, 144. et aill.

Μᾶλον est le nom de la pomme en dialecte dorique, c'est directement de là que dérive le mot latin *malum*. Les Grecs écrivaient plus souvent μῆλον, et les Grecs modernes eux-mêmes nomment encore le pommier μηλέα. (*Voyez* μάλις.)

ΜΑΛΆΧΗ. (η) La Mauve.

Αἴ, αἴ, ταὶ μ α λ ά χ α ι μὲν ἐπὰν κατὰ κᾶπον ὄλωνται.
Hélas, lorsque les *mauves* périssent dans le jardin.......

Mosch. Idyll. III, 106.

La mauve qui, parmi nous, est en honneur comme plante médicinale, n'est plus estimée comme légume. Quoique fade et désagréable, elle reste pourtant alimentaire dans le midi de la France et dans nos colonies. Si nous ne savions qu'en matière de goût les anciens n'avaient pas les mêmes idées que nous, il serait permis de s'étonner de tout ce qu'ils en ont dit de

---

(1) Cette plante porte en Berry le nom vulgaire de *babou*.

bien. Dans le langage poétique, la mauve est également déchue du rang qu'elle occupait autrefois ; et il en
est de même de plusieurs autres plantes. Accueillerait-
on un poète qui dirait, comme Moschus : Ha ! lorsque
dans nos jardins, les mauves, le persil verdoyant
et l'anet aux feuilles délicates périssent, le printemps
suivant les voit renaître; mais, hélas! nous qui sommes
des êtres grands et forts, et qui avons la sagesse en
partage, nous mourons pour toujours ; le sein de la
terre nous dévore, et nous dormons d'un sommeil qui
n'a point de fin ? »

Les plantes herbacées ont souvent une beauté de
convention, et rarement leur utilité est telle qu'on ne
puisse les remplacer par aucune autre.

La détermination de la mauve n'étant point un objet
de controverse, nous allons établir la concordance synonymique de cette plante.

Μαλάχη, HOM. *Batrach.* 160; HESIOD. *Oper. et
dies*, 41 ; THEOPH. *Hist. pl.* I, 4; IV, 20 ; ARIST. *in
Plutar.*; MOSCH. *loc. comm.*; ATHEN. *Deip.* II, 52.

Μαλάχη ἀγρία, NICAND. *Ther.* 89; ejusd. *Alexiph.*
92, 486, etc.

Μαλόχη, ANTIPH. *apud Athen.* II, 52.

Μαλάχη κερσαία, DIOSC. III, 144.

Ἄγρια μολόχα vel μολούχα, Græc. recent.

Ἀμπελόχα (1). *Attic.*

Malache, COLUM. *de Re rust.* X, 247;

---

(1) De ἄμπελος, vigne, à cause de la ressemblance éloignée des feuilles
de la mauve et de celles de la vigne.

Malva, Virg. *Moret.* v. 73; Plin. XX, 21; Pallad. *Febr.* Tit. XXIV; *Oct.* Tit. XI.

Malva rotundifolia seu silvestris, Linn. *Spec. pl.* 969.

La Mauve à feuilles rondes et la Mauve sauvage.

ΜΑ͂ΛΑ ΧΡΎΣΕΑ.

Νῦν μὲν κἠπὶ τὰ χρύσεα μᾶλ' ἕνεκεν σέθεν
Βαίην.......

Pour toi j'irais ravir les *pommes d'or* du jardin (des Hespérides).

Frag. de Théocr. qui semble appartenir à la XXIX Idylle.

Ces pommes d'or du jardin des Hespérides ont donné lieu à de longues dissertations, et à plusieurs opinions plus ou moins vraisemblables, présentées et défendues avec un talent fort distingué. Aucun fruit ne méritait mieux l'épithète de doré que l'orange; c'est à elle que nous avons cru pouvoir rapporter les μᾶλα χρύσεα. On peut voir (*Flore de Virgile*, p. 103) les raisons sur lesquelles nous appuyons notre opinion. Peut-être tous les efforts tentés pour éclaircir cette question sont-ils superflus. Ces pommes d'or du jardin des Hespérides n'ont peut-être pas plus existé que les dragons qui défendaient l'entrée du jardin où elles se trouvaient; mais en croyant à leur existence, on ne peut guère penser que ce soit le coing, fruit très-âpre, difforme, et d'une couleur jaune peu agréable à l'œil. Dans l'hypothèse où l'existence des pommes d'or ne serait pas du domaine de la fable, on ne peut, suivant nous, trouver d'opinion plus raisonnable que celle qui désigne le fruit de l'oranger ou celui du citronnier.

Μήλεα χρύσεα, Hesiod. *Theog.* 216, 335.

Μᾶλα χρύσεα, Theoc. *Frag.* v. 12.

Μῆλον μηδικὸν ἢ περσικόν, Theoph. *Hist. pl.* IV, 4.

Μηδικὸν μῆλον, κιτρόμηλον ou κεδρόμηλον, Dioscor. I, 166.

Μῆδον (μῆλον), Nicand. *Alexiph.* 531.

Ἑσπερίδων μῆλον, Athen. III, 23.

Νεράντζιον ἢ μηδικὸν μῆλον, *Schol.* Nicand.

Κίτριον, Eusth. *Comm. in Hom.*

Malum aureum Hesperidum, Varr. II, 1.

Citrus, ejusd. III, 2, etc.; Pallad. *Mart.* 10.

Malum Hesperidum, Virg. *Ecl.* VI, 61.

Malum aureum, ejusd. *Ecl.* III, 71.

Malum medicum, citreum, Plin. XV, 14.

Malum citreum persicum, Macr. *Saturn*, II, 15, etc.

Narancio, arangio, melarancio (μῆλον νεράντζιον), Ital.

Citrus Medica, Linn. *Sp. pl.* 1100 ; et *Citrus Aurantium ;* ejusd., *loc. cit.*

Aurange (en vieux français), Orange, Citron, Cédrat.

Il paraît assez bien prouvé que les anciens confondaient l'orange et le citron.

ΜΑΛΙΣ (ἡ). ΜΗΛΙΣ. Le pommier.

Τᾷ δρυΐ ταὶ βάλανοι κόσμος, τᾷ μ α λ ί δ ι μᾶλα.

Les glands ornent le chêne; les pommes le *pommier*.

Εἰδ. VIII, v. 79.

C'est là le nom du pommier en dorien. Théocrite a introduit dans ses vers un assez grand nombre d'expressions prises dans ce dialecte. Cet arbre, très-anciennement cultivé, a été connu de tous les auteurs de l'antiquité, ainsi que le témoigne la concordance suivante :

Μηλέα, Hom. *Odyss.* II, 115; Hesiod. *Oper. et dies*, 145; Pausan. *in Attic.*

Μηλὶς quorumd.

Μαλὶς, Theocr. *loc. comm.*

Ὀρομαλὶς (ὄρειον μῆλον) ejusd. *Idyll.* V, 94, (*Pyrus Malus non culta*).

Malus, Mart. Horat. Virg. Ovid. Colum. *de Re rust.* XII, 44; Plin. XV, 15, etc., etc.

Pyrus Malus, Linn. *Sp. pl.* 686.

Le Pommier.

Cfr. nos *Commentaires sur Pline*, liv. XV, note 105.

ΜΕΛΊΤΕΙΑ (ἡ). La Mélisse.

. . . . .ὅπα καλὰ πάντα φύοντι
Αἰγίπυρος καὶ κνύζα καὶ εὐώδης μ ε λ ί τ ε ι α.

Où naissent les meilleures plantes, l'égipyrus, la conyze et la *mélisse* odorante.   Εἰδ. IV, 25.

Ταῖσι δ' ἐμαῖς ὄϊεσσι πάρεστι μὲν ἁ μ ε λ ί τ ε ι α.

Mes chèvres paissent la *mélisse*.   Εἰδ. V, 130.

Tous les noms donnés par les anciens à la mélisse

rendent compte du goût prononcé que les abeilles ont pour cette plante. Les Grecs anciens la nommaient μελισσοβότος pour μελισσοβότανος), μελισσόφυλλον et μελιττίς, les Grecs modernes, μελισσοβότανον et μελισσόχορτον, où l'on voit que tous ces mots sont formés de μέλισσα, abeille : il est de même du latin *apiastrum*, dérivant de *apis* et non de *apium*, contre l'opinion du P. Hardouin.

Μελίτεια, Theocr. *loc. comm.*

Μελισσόβοτος, Nicand. *Ther.* 677.

Μελισσόφυλλον et Μελίταινα, Diosc. III, 118.

Μελίταινα et Μελίκταινα, Hesych. *Lexic.*

Μελισσοβότανον et Μελισσόχορτον, Græc. mod.

Apiastrum, Varr. III, 16; Colum. *de Re rust.* IX, 9; Plin. XXI, 41.

Melisphyllum, Virg. *Georg.* IV, 63.

Melissa officinalis, Linn. *Sp. pl.* 827.

La Mélisse officinale.

MYPÍKA (ἡ). Le Tamarisc.

Ὡς τὸ κάταντες τοῦτο γεώλοφον, ἅτε μ υ ρ ῖ κ α ι.

Vers ce tertre en pente où croissent ces *tamariscs*.

Εἰδ. I, 13.

Nous avons consacré (*Flore de Virgile*, p. 111) un long article à cette plante, et nous y renvoyons nos lecteurs. Les commentateurs sont tous d'accord pour reconnaître notre tamarisc, dans le μυρίκη des Grecs, et cette opinion, éclaircie et développée dans l'ouvrage cité plus haut, est encore la nôtre. Cet arbrisseau se plaît sur le bord des rivières; son feuillage est d'un vert agréable; ses rameaux flexibles sont facilement agités par les vents, ce qui lui donne un air de vie et de fraîcheur dont l'œil est agréablement frappé. Il n'était guère possible que les poètes bucoliques n'en parlassent pas dans leurs vers.

Voici quelle est la concordance synonymique du *myrica :*

Μυρίκη, Hom. *Iliad.* VI, 419; Theoph. *Hist. pl.* I, 16; V, 6; Diosc. I, 99.

Μυρτικιὰ ἢ ἁρμυρικὴ, Græc. recent.

Myrica, Virg. *Ecl.* IV, 2; VI, 10; VIII, 54; X, 13; *Myrice,* Plin. XIII, 37.

Tamarix gallica, Linn. *Sp. pl.* 386.

Le Tamarisc des Gaules.

ΜΎΡΤΟΣ (ἡ). Le Myrte.

Ῥεῖθρον ἀπὸ σπιλάδων πάντοσε τηλεθάει

Δάφναις καὶ μύρτοισι καὶ εὐώδει κυπαρίσσῳ.

Du sein des rochers s'échappe un ruisseau dont les bords sont couverts de lauriers, de *myrtes* et de cyprès odorants.

Theocr. Ἐπιγρ. IV, 7.

Le myrte est celui de tous les arbrisseaux d'Europe qui réunit le plus de souvenirs mythologiques. Ses rameaux flexibles le rendent propre à faire des couronnes; il a une odeur suave, et quand il est chargé de fleurs et de fruits, son aspect est fort agréable. On re-

connaît de nombreuses variétés de myrte, et quelques-
unes sont particulières à l'Italie. Cet arbrisseau se plaît
dans les pays chauds. On peut le trouver parfois sur
le bord des ruisseaux, mais on ne peut pas dire préci-
sément qu'il aime les lieux humides. Nous ne donne-
rons pas une synonymie complète du myrte, car tous
les auteurs de l'antiquité en ont parlé.

Μυρσίνη, Hippocr. *Morb. mul.* I, 599; Theoph,
Hist. pl. I, 5, Diosc. I, 155.

Μύρτος, Theocr. *loc. comm.;* Nicand. *in variis
locis.*

Μυῤῥίνη, μυρσίνη, μύρτος, Pherecr. *apud. Athen.*
VI; Plat. *de Republ.*; Plutar. *Polit.* II, 310; Gal.
de fac simpl. VII, 12.

Μύρτα, Græc. recent., etc.

مرسين Arabum.

Myrtus, Virg. Catull. Colum. etc., etc.

Myrtus communis (L.), et ses variétés.

Le myrte.

N.

ΝΑΡΚΙΣΣΟΣ (ἡ). Le Narcisse.

Ἁ δὲ καλὰ νάρκισσος ἐπ' ἀρκεύθοισι κομάσαι.

Que le beau *narcisse* fleurisse sur les genévriers.

Εἰδ. I, 133.

Toutes les espèces du genre *Narcissus* se recommandent à l'attention de l'observateur par la grâce de leur port ou par l'agrément de leur odeur. Elles vivent, pour la plupart, dans les prairies, et souvent sur le bord des eaux cristallines, où se reflète leur élégante corolle. L'espèce la plus commune dans l'Europe méridionale est le narcisse des poètes, *Narcissus poeticus* (L.); voici la concordance synonymique qui lui est applicable :

Νάρκισσος, Hipp. *in loc. var.*; Theoph. *Hist. pl.* VI, 6; Theocr. *loc. comm.*

Νάρκισσος εὔπνοος, Mosch. *Idyll.* II, 65.

Νάρκισσος ἔνδον πορφυρώδης, Diosc. IV, 161.

Λείριον, Atticor.

نرجس vel نرجس , Arab.

نرگس , Pers.

Narcissus purpureus, Virg. *Ecl.* V, 38; Colum. *de Re rust.* X, 297; Plin. XXI, 75.

Narcissus poeticus, Linn. *Sp. pl.* 414.

Le Narcisse des poètes.

Le vers de Théocrite sur lequel nous glosons a été traduit par Virgile dans la VIIIe Églogue, v. 52, quand il met ces vers dans la bouche de Damon :

Nunc et oves ultro fugiat lupus; aurea duræ
Mala ferant quercus; *narcisso* floreat alnus;

6

Pinguia corticibus sudent electra myricæ;
Certent et cycnis ululæ.

Remarquons en passant que Virgile a donné au narcisse l'épithète de *purpureus*, et que Dioscoride le
distingue de ses congénères par les mots de ἔνδον πορ-
φυρῶδες; la corolle du narcisse des poètes est blanche,
mais son nectaire, d'un rouge vif, lui a mérité l'épithète
de *purpureus*.

Cfr. sur cette plante célèbre notre *Flore de Virgile*,
p. 116, et Pline, livre XXI, notes 35 et 36 de nos
Commentaires.

Moschus (*loc. cit.*), en lui donnant l'épithète de
εὔπνοος, à odeur suave, fournit une raison de plus pour
adopter le narcisse des poètes comme étant le νάρκισσος
des Grecs; car l'odeur de cette charmante fleur est des
plus agréables.

O.

ὌΧΝΗ. La poire.

Ὄχναι μὲν παρὰ ποσσὶ, παρὰ πλευρῇσι δὲ μᾶλα.
Des *poires* à nos pieds, des pommes à nos côtés.

Εἰδ. VII, 144.

Πάντα δ' ἔναλλα γένοιντο, καὶ ἁ πίτυς ὄχνας ἐνείκαι.
Que tout change de nature, et que le pin porte des *poires*.

Εἰδ. I, 134.

Le mot ὄχνη, qu'Homère écrit aussi ὄγχνη, signifie
tantôt poire et tantôt poirier. On l'applique aussi, soit
au poirier cultivé, soit au poirier sauvage. C'est dans

le sens de poire et de poire sauvage qu'il faut l'entendre dans les deux passages cités de Théocrite. Les Grecs se servaient presque toujours du mot ἄπιον quand ils voulaient parler de la poire provenant du poirier cultivé. Voici sous quelle synonymie il faut comprendre cet ὄχνη.

Ὄχνη et ὄγχνη, HOMER. *Odyss.* VII, 120.

Ὄχνη, THEOCR. *loc. comm.*

Ἀχρὰς, THEOPH. *Hist. pl.* I, 13; ARIST. VIII, 6; DIOSC. I, 168.

Ἄπιος ἀγρία, EUST. *Comm. in Hom.*

Ἀχλάδια, ἀχράδι ἢ ἀπίδι, Græc. recent.

Pyrus inserenda, VIRG. *Ecl.* I, 74; PLIN. XV, 16, et *auct. latin.*

Pyrus sylvestris, DUHAM. *Arb.* t. 45.

Le Poirier sauvage.

Cfr. sur les diverses poires énumérées dans les ouvrages des anciens, nos *Commentaires* sur le XVe livre de Pline, note 106.

II.

ΠΑΛΙΟΥΡΟΣ. Le Paliure.

Κάγκανα δ'ἀσπαλάθω ξύλ' ἑτοιμάσατ' ἢ παλιούρω.
Préparez les bois séchés de l'aspalathe et du *paliurus*.

Εἰδ. XXIV, 87.

6.

On aperçoit aisément, en lisant le texte des auteurs grecs et latins qui ont parlé du *paliurus*, que
des arbres différents ont porté ce nom. Le παλίουρος de
Théophraste (*Hist. pl.* III, 17) se divise en plusieurs
espèces distinctes, qui toutes portent des fruits. Ceux-ci,
dit-il, consistent en trois ou quatre semences enfoncées
dans une gousse; elles sont connues pour guérir la
toux. Les lieux humides et les lieux secs conviennent
également au παλίουρος : il perd ses feuilles en hiver, tandis que le ῥάμνος, si souvent confondu avec lui, les con-
serve. Dioscoride décrit plus imparfaitement le παλίουρος ;
il le dit épineux, fort commun, et portant des baies noires.
L'arbre dont parle, sous ce même nom, Agathoclès dans
Athénée, est le *paliurus africanus* de Pline. Le naturaliste
romain n'ajoute aucun renseignement à ceux fournis par
les Grecs. Il résulte de l'incertitude des descriptions l'im-
possibilité matérielle de décider à quelles plantes il faut
rapporter les *paliurus* énumérés par les divers auteurs;
il nous suffira, au reste, de savoir que le παλίουρος de
Théocrite est le suivant :

חֲרוּל, *Prov.* XXIV, 31.

Παλίουρος (*excl. descript.*), THEOPH. *Hist. pl.* I, 121;
THEOCR. *loc. com.*, DIOSC. I, 121.

Παλιούρι, Græc. recent.

Paliurus spinosus, VIRG. *Ecl.* V. 39; COLUM.
de *Re rust.* VII, 96; XI, 3, 4; PLIN. liv. XXIV, 71.

Zura Africanorum, PLIN. *loc. cit.*

Paliurus aculeatus, DC. *Fl. fr.* 40, 81.

Le Paliure porte-chapeau.

Cfr. *Flore de Virgile*, pag. 126, art. *paliurus*.

ΠΊΤΥΣ (ἡ). Le Pin cultivé.

Ἀδύ τι τὸ ψιθύρισμα καὶ ἁ πίτυς, αἰπόλε, τῆνα,

Ce pin fait entendre un doux murmure, ô chevrier!....

Εἰδ. I, v. 1.

Πάντα δ' ἔναλλα γένοιντο, καὶ ἁ πίτυς ὄχνας ἐνείκαι.

Que tout change de nature et que le *pin* porte des poires.

Εἰδ. I, 134.

......βάλλει δὲ καὶ ἁ πίτυς ὑψόθε κώνους.

.....Et le *pin* laisse tomber ses cônes (ses fruits).

Εἰδ. V, 49.

L'arbre dont il est fait mention dans ces divers passages est-il bien une seule et même espèce de *Pinus?* nous le pensons. Cela convenu, quelle sera l'espèce à désigner? Sans doute le Pin arbre fruitier, *Pinus Pinea* des botanistes modernes. Les peuples méridionaux en estiment beaucoup le fruit. Malgré l'épithète d'ἥμερος que donne Théophraste à cet arbre, et celle de *culta* qu'on lit dans Ovide, il croît sans culture sur les plages arénacées des rivages du Péloponèse occidental, dans presque toute l'Espagne, en Italie et en Sicile. Ses fruits, connus en français sous le nom de *pignons*, devaient être recherchés par les bergers de Théocrite et de Virgile. Voici comment nous établissons la synonymie de cette conifère:

Πεύκη ἥμερος, THEOPH. *Hist. pl.* III, 10; ARIST. *de Animal.* V. 19, etc.

Πίτυς, THEOCR. *loc. comm.*; MOSCH. *Idyll.* VI, 8; DIOSC. I, 86.

Κουχουναριὰ, Græc. recent. Le fruit πιτύϊνον κάρυον, DIOCL. CARYST. *ap.* *Athen.* DEIPNOS, II, 16.

— Κῶνος, THEOCR. *Idyll.* V. 49; ATHEN. *loc. cit.*

Pinus uberrima, VIRG. *Georg.* IV, 141.

Pinus hortensis, ejusd. *Ecl.* VII, 65.

Pinus foliis capillaceis et mucronatis, PLIN. XVI, 16.

Pinus Pinea, LINN. *Spec. pl.* 149.

Le Pin cultivé ou Pin à pignons.

ΠΛΑΤΑΝΙΣΤΟΣ (ἡ). Le Platane.

Πράτᾳ τοι στέφανον λωτῶ χαμαὶ αὐξομένοιο
Πλέξασαι, σκιερὰν καταθήσομεν ἐς πλατάνιστον.

Les premiers tressant pour toi une couronne de lotos terrestre, nous la suspendrons à ce *platane* touffu.

Εἰδ. XVIII, 43.

Le platane est un des arbres les plus remarquables de l'Europe australe. On le trouve fréquemment en Grèce; il abonde en Sicile, près des fleuves, dont il embellit les rives. Le platane mérite l'épithète de touffu, σκιερὸς, que lui donne Théocrite, et celle d'aérien, *aeria*, que lui applique Virgile, car il parvient à une hauteur considérable dans les climats méridionaux, les seuls où il acquière toutes ses dimensions.

Voici la concordance synonymique de cet arbre:

Πλατάνιστος, HOM. *Iliad.* II, 310; THEOCR. *loc. comm.*, 43.

Πλάτανος, THEOPH. *Hist. pl.* III, 7; MOSCH. VII, 11, *cum voce* βαθύφυλλος, id est *frondosa;* DIOSC. I, 107.

Πλάτανος, Græc. recent.

Platanus, Virg. *Georg.* II, 70; *Culex*, 123; Hor. *Od.* 12; liv. II; Varr. I, 7; Plin. XII, 1; XXIV, 8; Claud. *Hym. Rom.*; Pallad. *de Re rust.* 87.

Platanus orientalis, Linn. *Sp. pl.* 1417.

Le Platane d'Orient.

ΠΡῖΝΟΣ (ὁ). L'Yeuse.

Οὐδὲ γὰρ οὐδ' ἀκύλοις ὀριμαλίδες· αἱ μὲν ἔχοντι
Λεπτὸν ἀπὸ πρίνοιο λεπύριον, αἱ δὲ μελιχραί.

Il ne faut pas comparer aux glands les pommes sauvages; car les glands sont recouverts d'une écorce comme celle de l'*yeuse* qui les produit, tandis que les pommes agrestes ont un suc mielleux.   Εἰδ. V, v. 94.

Les Grecs donnaient à l'*ilex* des Latins le nom de πρῖνος. C'est un arbre fort commun dans quelques localités méridionales; il s'élève peu, mais comme sa vie est très-longue, il peut acquérir une grosseur presque monstrueuse. L'yeuse n'a rien dans son port qui puisse la faire comparer au véritable chêne, roi des forêts européennes. Le tronc est rabougri, les feuilles sont petites et d'un vert triste; les paysages dont elle fait le fond sont loin d'avoir la fraîcheur de ceux où dominent nos grands arbres du Nord, si variés dans leur port et si majestueux dans leur ensemble. Théocrite, rapprochant des pommes sauvages les glands du chêne-yeuse, mais plaçant ceux-ci dans un rang inférieur, nous disposerait assez à penser qu'il veut parler des chênes à glands doux; or le *Quercus Ægilops* est dans ce cas, et il n'est pas rare en Sicile. Néanmoins, comme l'*Ægylops* des Latins était connu des Grecs sous le nom de φηγὸς, nous établirons la concordance synonymique suivante :

תִּרְזָה, *Esaï*, XLIV, 14.

Πρῖνος, Hesiod. *Oper. et Dies*, 427 et 434; Theoph. *Hist. pl.* III, 6; Theocr. *loc. comm.*; Diosc. IV, 143; Hesych. *Lexic.*

Ἄρια ἢ ἀρεός, Græc. rec.

Ilex, Lucan, *Phars.* III.

Ilex minor? Col. IX, *de Re rust.* 2; Virg. *Ecl.* I, 18; VII, 1.

Quercus Ilex, Linn. *Sp. pl.* 1513.

Le Chêne vert.

ΠΤΕΛΕΑ (ἡ). L'Orme.

Δεῦρ' ὑπὸ τὰν πτελέαν ἑσδώμεθα......
Ici, sous ces *ormes*, asseyons-nous.　　　Εἰδ. I, 21.

Αἴγειρος πτελέαι τε ἐΰσκιον ἄλσος ἔφαινον.
Des peupliers noirs et des *ormes* formaient un bois épais.
　　　　　　　　　　　　　　　Εἰδ. VII, 8.

L'orme est plutôt l'arbre du centre de l'Europe que celui des régions méridionales; ce n'est pas qu'on ne le trouve en Sicile et en Grèce, mais il n'y atteint pas des proportions aussi considérables qu'en France ou en Allemagne. Virgile, qui en parle souvent, le regarde comme l'appui le plus ordinaire de la vigne. Voici quelle est la concordance synonymique de cet arbre :

Πτελέα, Hom. *Iliad.* XII, 350 *et alibi*. Hesiod. *Oper. et Dies.* 434; Theoph. III, 14; Theocr. *loc. comm.*; Mosch. *Idyll.* V, 12; Diosc. I, 111.

Πτελία, Græc. recent.

Ulmus, Catull. 28, etc.; Virg. *Ecl.* II, 70; V, 3;
Georg. I, 170, etc.; Colum. *de Arbor.*; Claud. *Epith.*
Ulmus marita, Quorumd.
Ulmus campestris, L. *Sp. pl.* 327.
L'Orme et l'Ormeau.

ΠΤΕΡΙΣ ou ΠΤΕΡΙΑ (ἡ). La Ptéride.

Τὸν κισσὸν διαδὺς, καὶ τὰν π τ έ ρ ιν, ᾆ τὺ πυκάσδῃ.

(Que ne puis-je, pénétrant) à travers le lierre et la *fougère*
dont tu es entourée ?   Εἰδ. III, 14.

...... ἀπαλὰν π τ έ ρ ι ν ὧδε πατησεῖς
Καὶ γλάχων' ἀνθεῦσαν.

...... Là tu fouleras la molle *fougère* et le pouliot fleuri.
                    Εἰδ. V, 56.

Ce πτέρις est bien certainement le *filix aratris invisa*
de Virgile. Chez le poète latin, cette plante n'est nommée que dans ses rapports avec l'agriculture. Chez
Théocrite elle joue un rôle plus aimable : elle dérobe
aux indiscrets l'entrée de la grotte (1), asile d'une
nymphe rebelle à l'amour, et sert de tapis aux danses
des bergers. Les Grecs modernes lui donnent encore aujourd'hui le même nom que Théocrite.

Πτέρις, Theocr. *loc. comm.* et Græc. recent.
Θηλυπτερὶς, Theoph. *Hist. plant.* IX, 20.

_____

(1) Dioscoride et, d'après cet auteur, Pline, lui donnent le nom de
nymphœa Pteris, fougère des nymphes ou des grottes.

Θηλυπτερὶς et νυμφαία πτέρις; Diosc. IV, 187.

Filix invisa, Virg. *Georg.* II, 189.

Avia, Colum. VI, 14.

Thelypteris, Filix nymphæa vel *fœmina*, Plin. XXVII, 55?

Pteris aquilina, Linn. *Sp. pl.* 1530.

La Ptéride fougère femelle.

ΠΎΞΟΣ. Le Buis.

. . . . .τὸν ἀπότροπον εἶδεν Ἔρωτα
Ἐσσόμενον πύ ξοιο ποτὶ κλάδον. . . . .
Il vit l'amour fugitif posé sur une branche de *buis*.

BION, Εἰδ. II, 2.

Le sens renfermé dans les vers de Bion nous prouve qu'il s'agit de l'espèce arborescente du genre *buxus;* elle s'élève à une hauteur de quinze à dix-huit pieds, et le tronc peut acquérir jusqu'à dix pouces de diamètre; ce bois est fort commun dans toute l'Europe australe. Voici la concordance synonymique que nous lui attachons :

תאשור Esaï, 41, 19.

Πύξος, Theoph. III, 15; Hom. *Iliad.* XXIV, 268; Bion, *Idyll.* II, 2; Nicand. *Alexiph.* v. 577.

Πυξάρι, Græc. recent.

Buxus et Buxum, Virg. *Georg.* II, 437, 449; *Æneid.* VII, 382; IX, 619.

Buxus, Ovid. *de Art. amand.* III, 691, *et in aliis loc.*

Buxus gallica, Plin. XVI, 28.

Buxus semper virens, var. *arborescens*, Linn.
Sp. pl. 1494.

Le Buis en arbre.

Voyez sur le Buis, les notes 152 — 159 de nos *Commentaires* sur le XVIe livre de Pline.

P.

ΡΑΜΝΟΣ (ή). Le Jujubier.

Εἰς ὄρος ὄχχι ἔρπεις, μὴ ἀνάλιπος ἔρχεο, Βάττε·
Ἐν γὰρ ὄρει ῥάμνοι τε καὶ ἀσπάλαθοι κομόωντι.

Quand tu vas sur la montagne, ô Battus! ne marche pas déchaussé; car il y croît des *jujubiers* et des genêts épineux.

Εἰδ. IV, 57.

Originaire de la Syrie, mais transporté dans l'Europe australe, le jujubier y prospère; il est naturalisé en Grèce près de Mégare et sur le Mont-Parnasse; on le trouve en abondance dans toute la Sicile. Les Grecs modernes ont adopté le nom latin, qui sans doute était lui-même d'origine africaine, de sorte que le mot ῥάμνος est tombé en oubli. Il existe peu de doutes sur la détermination de cette plante, et l'on peut hardiment proposer la synonymie suivante :

ῥάμνος, Hippocr. *Affect.* 525; Theocr. *loc. comm.*
ῥάμνος λευκὸς, Theoph. *Hist. pl.* III, 17; Diosc. 1, 119.

Σηρικὸν, GAL. *de Alim.* II.

Ζιζύφα, SIM. SETH.

Arbor zizyphus, COLUM. *de Re rust.* IX, 4.

Zizypha, Jujubarum arbor, PLIN. XV, 14.

Τζίντζιφον ἢ ζιζίφι, Græc. recent.

Zizyphus vulgaris, LMRCK. *Ill.* t. 185; f. 1.

Rhamnus Zizyphus, LINN. *Sp. pl.* 282.

Le Jujubier.

ῬΌΔΟΝ (τὸ). La Rose.

Ἀλλ' οὐ σύμϐλητ' ἐστὶ κυνόσϐατος οὐδ' ἀνεμώνα
Πρὸς ῥόδα, τῶν ἄνδηρα πάρ' αἱμασιαῖσι πεφύκει.

Mais ni l'églantier ni l'anémone ne doivent être comparés aux *roses* qui naissent près des haies.

Εἰδ. **V, 92.**

Que dire de la rose, célébrée par Anacréon et par tous les poètes? La manière d'être neuf sur cette matière n'est-ce pas d'en donner seulement la synonymie? Il suffit de graver un nom sur le tombeau d'un grand homme : les longues inscriptions ne paraissent faites que pour les morts vulgaires.

Ῥόδον, ANACR. *Od.* 43; THEOCR. *loc. comm.*; BION. *Idyll.* I, 66; MOSCH. *Idyll.* II, 36, 70; IV, 5, (1); V, 9 et Græc.

Βρόδον, *Éoliens.*

---

(1) Cfr. l'article ἀνεμώνα sur ce passage de la cinquième Idylle de Moschus.

Rosa, Virg. *et Auct. latin.*; Apul. *Metam.* II ;
Aus. *Idyll.* XIV, etc.

ورد *Arabum.* ·

*Rosarum variæ species, præcipue Rosa centi-
folia, damascena, alba, etc.*

La Rose.

Σ.

ΣΕΛΙΝΟΝ (τὸ). Le Persil.

Τὸν στέφανον . . . .
Τόν τοι ἐγὼν, Ἀμαρυλλὶ φίλα, κισσοῖο φυλάσσω
Ἐμπλέξας καλύκεσσι καὶ εὐόδμοισι σ ε λ ί ν ο ι ς.

La couronne de lierre que je te garde, chère Amaryllis, et
dans laquelle j'ai entrelacé des roses et du *persil* odorant.

Εἰδ. III, 21.

Χὰ στιβὰς ἐσσεῖται πεπυκασμένα ἔστ' ἐπὶ πᾶχυν
Κνύζᾳ τ' ἀσφοδέλῳ τε πολυγνάμπτῳ τε σ ε λ ί ν ῳ.

Et la couche sera abondamment couverte de conyze,
d'asphodèle et de *persil* flexible. Εἰδ. VII, 68.

Καὶ θάλλοντα σ έ λ ι ν α . . . .

Et les pousses *luxuriantes* du *persil* verdoyant. . . . . . .

Εἰδ. XIII 42.

Les modernes ne voient dans le σέλινον qu'une plante
condimentaire. Le persil (car c'est à lui qu'il faut rapporter la plante de Théocrite et des autres poètes bucoliques grecs) a une odeur fatigante et désagréable. Il
est peu de plantes qui conviennent moins pour tresser
des couronnes; ses fleurs et son feuillage n'ont rien qui
plaise à l'œil, et il se flétrit peu après avoir été arraché.

Les anciens, moins raffinés que nous sur le mérite des
odeurs, estimaient ce que nous dédaignons, et souvent
méprisaient ce qui nous plaît le plus. Leurs vins, leurs
huiles, leurs épices, les aromates dont ils se parfu-
maient, les aliments qui servaient à les nourrir, les
fleurs qui charmaient leur odorat, ne pourraient être
employés par nous aux mêmes usages et avec un succès
égal. Il n'en est pas de même des objets d'art et des ouvrages de littérature, et de ce côté nos sentiments sont
les mêmes. Les monuments qui excitaient l'admiration
des Grecs excitent aussi la nôtre; les vers dont l'harmonie
charmait leur oreille exigeante, plaisent encore à notre
oreille. On ne saurait trop s'étonner de trouver l'homme
intellectuel tel qu'il était il y a deux mille ans, et de reconnaître que l'homme physique est changé, au point
de déclarer aujourd'hui fétide ce qu'il trouvait avoir une
bonne odeur, et nauséeux ce qui fut long-temps par lui
savouré avec délices.

Voici quelle est la concordance synonymique du σέλινον:

Σέλινον, Hom. *Odyss.* V. 72.

Σέλινον ἥμερον. Hippocr. et Theoph. *Hist. pl.* I, 4;
VII, 4, etc.; Nicand. *in Alexiph.* 602; Theocr.
loc. comm.

Σέλινον χλωρὸν, Mosc. *Idyll.* V. 107.

Ὀρεοσέλινον, Diosc. II, 74.

Μυροδιὰ, Græc. recent.

Apium Petroselinum, Linn. *Sp. pl.* 379.

Le Persil.

Moschus (III, 107) qualifie le σέλινον de χλωρὸν, éclatant

de fraîcheur, vert. Le persil mérite cette épithète, ses feuilles étant du vert le plus prononcé.

ΣÍΟΝ (τὸ). La Berle.

..........τὰ δέ τοι σία καρπὸν ἐνείκαι.
.......Que la *berle* porte des fruits.   Εἰδ. V, 125.

Tous les commentateurs s'accordent à désigner la berle comme étant le σίον des Grecs; les botanistes ont laissé à cette ombellifère le nom grec pour nom générique. Théocrite en disant « que désormais la berle porte des fruits » entend parler de fruits comestibles, car il ne pouvait ignorer que cette ombellifère donnait des graines en abondance. Il arrive souvent à Pline de déclarer stérile une plante qui ne produit que des fruits peu apparents ou inutiles à l'homme. C'est dans ce sens qu'il faut entendre ici le texte de notre auteur.

La berle est commune dans les lieux marécageux de toute l'Europe. Voici la synonymie que nous rattachons à cette plante :

Σίον, Diosc. III, 154; Theocr. *loc comm.*; Atiien. II, 61; *non Cratæv.*

Sium, s. Sion, Plin. XXII. 41.

Laver, ejusd. XXVI, 32.

Νεροσέλινον (persil aquatique), Græc. recent.

Sium seu *latifolium* seu *nodiflorum*, Linn. *Sp. pl.* 361.

La Berle.

ΣÎΤΟΣ (ὁ). Le Blé.

Σῖτον ἀλοιῶντας φεύγεν τὸ μεσαμβρινὸν ὕπνον.

Vous qui battéz le *blé*, gardez-vous de dormir au milieu du jour.   Εἰδ. X, 48.

Dans les pays chauds, le blé, σῖτος, est battu sur une aire pratiquée dans le champ même où se fait la récolte, et c'est en foulant les gerbes aux pieds des chevaux qu'on sépare le grain de son épi. La chaleur du soleil en facilite la sortie, et vers midi cette opération s'exécute avec une grande promptitude. M. Firmin Didot a observé, dit-il, près d'Agrigente, des chevaux qui foulaient la paille et le grain ; vers dix heures du matin, leur allure était paisible, mais vers midi, hommes et chevaux couraient avec une vitesse incroyable. Nous avons vu pratiquer près de Séville ce battage du grain ; mais l'indolent paysan espagnol dormait régulièrement la sieste de onze heures du matin à trois heures du soir, avec autant de régularité que le citadin. Il est vrai que sous le ciel de l'Andalousie, et quand le thermomètre marque à l'ombre 30° Réaumur, il est difficile de se livrer à l'exercice violent dont parle M. Firmin Didot.

Hésiode (*Oper. et dies*, v. 572) recommande aux moissonneurs de fuir les lieux ombragés, et de ne point se livrer aux douceurs du repos pendant la fraîcheur du matin. Cette recommandation est bien plus d'accord avec les préceptes hygiéniques que celle de Théocrite : un exercice trop violent à l'ardeur du soleil peut déterminer une foule d'accidents funestes.

ΣΚΊΛΛΑ (η). La Scille maritime.

Ἤδη τις, Μόρσων, πικραίνεται· οὐχὶ παρήσθευ ;
Σκίλλας ἰὼν γραίας ἀπὸ σάματος αὐτίκα τίλλοις.

Il y a ici quelqu'un qui se fâche, ne t'en aperçois-tu pas , Morson ? va donc sur-le-champ, pour le calmer, arracher sur ce tombeau des *scilles* desséchées. Εἰδ. V, 120.

On a longuement disserté pour expliquer le sens de ces deux vers. Heinsius a voulu qu'on les traduisît ainsi : « Tu ferais bien mieux de t'occuper à arracher de mauvaises herbes que de quereller ainsi ; » c'est la version la moins probable. La scille est une plante célèbre en médecine qui croît en abondance sur les rivages de la mer. Virgile l'indique avec l'ellébore et le bitume noir contre la gale des troupeaux ; voici sa synonymie :

Σκίλλη et Σχῖνος, HIPPOCR. *Morb. mul.* II, 670.

Σκύλλα, THEOPH. *Hist. pl.* III, 4 ; NICAND. *Ther.* 881.

Σκίλλα, THEOCR. *loc. comm.*; DIOSC. II, 202.

Scilla, VIRG. *Georg.* III, 451 ; PLIN. XIX, 30, et XX, 39.

COLUM. *de Re rust.* XII, 33 et 34.

Σκίλλα ἤ βολκικὸς, Græc. recent.

اسقيل, *Arabum.*

Scilla maritima, LINN. *Sp. pl.* 442.

La Scille maritime.

ΣΥΚΗ. Le Figuier.

Καὶ γὰρ ἐγὼ μισέω τὼς κανθάρος, οἳ, τὰ Φιλώνδα
Σῦκα κατατρώγοντες, ὑπηνέμιοι ποτέονται.

Et moi, je hais les scarabées qui mangent les figues de

Philondas, et s'envolent en se balançant à travers les airs.

Εἰδ. V, 114.

Cette figue de Philondas était vraisemblablement l'une des innombrables variétés de la figue ordinaire, *Ficus Carica* (L.) Théocrite, dans ce passage, entendrait-il parler de la caprification ? nous en doutons. L'insecte qui accélère par sa piqûre la maturation des figues, est un insecte hyménoptère nommé *Cynips Psenes* (L.); il fut connu des Grecs, et n'aurait pu recevoir le nom de κάνθαρος, donné exclusivement aux coléoptères, insectes dont les ailes sont renfermées dans un étui. Il s'agit donc seulement ici d'animaux dévastateurs qui attaquaient les figues pour les dévorer. Voici la synonymie du figuier :

תאנה, *Bibl. Sacr.*

Ἐρινεὸς, HOM. *loc. var.*

Συκῆ ἥμερος et συκῆ ἀγρία. DIOSC. I, 183 et 184; GAL. *de Fac. med. simpl.* VIII ; THEOCR. *loc. com.*

Κράδη, HÉSIOD. *Oper. et Dies*, 670.

Ἐρινεὸς, Ejusd. *in Fragm. ex Eustathio.*

Ἀγριοσυκιὰ, Græc. recent.

Caprificus seu ficus sylvestris, PLIN. XV, 21.

Ficus Carica, LINN. *Sp. pl.* 1513.

Le Figuier sauvage et cultivé.

ΣΧΙΝΟΣ (ἡ). Le Lentisque.

Καὶ σχῖνον πατέοντι...........

(Mes chèvres) foulent le *lentisque*.　　　Εἰδ. V, v. 129.

Le Σχῖνος est cet arbrisseau qui fournit la résine mastic à la médecine et au commerce. On le connaît en français sous le nom de Lentisque, et les botanistes sous celui de *Pistacia Lentiscus* (L.). Nous l'avons fréquemment trouvé en Espagne, et nous savons qu'il n'est pas rare en Grèce; il abonde en Sicile. Quoique le lentisque ait le port et les dimensions d'un arbrisseau, il est souvent réduit aux proportions de l'humble buisson. Les chèvres peuvent donc le fouler aux pieds, et le vers du poète est rigoureusement vrai. Voici comment on doit établir la concordance synonymique de cette plante :

צרי, Daniel. XIII, 58. *Arbor quæ fundit mastichen.*

Σχίδαξ, Hippocr. *de Morb. mul.*

Σχῖνος, Theoph. *Hist. pl.* IX, 1; Diosc. I, 89.

Σχῖνος, Græc. recent.

Arbor quæ dat mastichen, Plin. lib. XII, 36.

Pistacia Lentiscus, Linn. *Sp. pl.* 1455.

Le Lentisque.

ΣΧΟῖΝΟΣ. Le Jonc.

Αὐτὰρ ὅγ' ἀνθερίχεσσι χαλὰν πλέχει ἀχριδοθήραν
Σχοίνῳ ἐφαρμόσδων.

Mais celui-ci dresse un joli piége à sauterelles avec des rameaux d'anthéric, et en fixe les diverses parties avec du *jonc.*

Εἰδ. I, 52.

On donne vulgairement le nom de jonc à des plantes assez différentes, mais qui servent aux mêmes usages.

7.

Le jonc des jardiniers est le *Juncus effusus* (L.) , le jonc des chaisiers, le *Scirpus lacustris* (L.). Plusieurs plantes peuvent les remplacer avec des avantages égaux. Le poète n'a sans doute rien voulu préciser, nous ne chercherons pas à faire mieux que lui.

L'ὁλόσχοινος de Théophraste (*Hist.* pl. IV, 113) paraît être notre *Schœnus Mariscus* (L. *Sp. pl.* 63); l'ὀξύσχοινος des Grecs, le *Juncus acutus* (Linn. *loc. cit.*); le σχοῖνος λεία de Dioscoride, le *Scirpus Holoschœnus* (L.); le σχοῖνος εὔοσμος du même auteur, l'*Andropogon Schœnanthus* (L.).

Cfr. sur les *juncus* des anciens nos *Commentaires sur Pline*, livre XXI, note 287.

L'antheric est la même plante que l'asphodèle. Voy. ἀσφόδελος.

~~~~~~

T.

ΤΕΡΜΙΝΘΟΣ (ή).

Βωμὸν δ' αἱμάξει χεραὸς τράγος οὗτος ὁ μαλλὸς,

Τερμίνθου τρώγων ἔσχατον ἀκρέμονα. . . . .

Ton autel sera arrosé du sang de ce bouc cornu et velu qui broute les branches élevées du *térébinthe*.

>   Ἐπιγρ. I, 5.

Le térébinthe est l'un des arbres les plus célèbres de l'antiquité : il en est fait souvent mention dans les livres saints. Les idoles des descendants de Jacob étaient de bois de térébinthe, et ce fut aux branches d'un térébinthe qu'Absalon demeura suspendu. Abraham, dans son émigration pour la terre de Canaan, dressa ses tentes à l'ombre des térébinthes, etc., etc. Hippocrate, Nicandre, Dioscoride, vantent les propriétés médicinales de cet arbre; Virgile nous apprend qu'on en façonnait des bijous incrustés d'or, etc. La concordance synonymique de cet arbre est fort étendue :

אלון? des livres sacrés.

Τέρμινθος, HIPPOCR. *Hist.* 888; THEOPH. *Hist. pl.* III, 15; DIOSC. I, 91 ; NICAND. *Ther.* 884; ejusd. *Alexiph.* 298.

Τετράμιθος des Grecs mod.

طرمنتين اعاجى. *Termintin aghádgi* des Turcs.

Terebinthus, VIRG. *Eneid.* X, 136; PLIN. XIII, 12, et *Latinor.*

Pistacia Terebinthus, LINN. *Sp. pl.* 1455.

Le Térébinthe.

Cfr. sur cet arbre notre *Flore de Virgile*, art. *Terebinthus*, et nos *Commentaires sur Pline*, liv. XIII, note 82.

~~~~~~

U.

ΥΑΚΙΝΘΟΣ (ἡ). Le Martagon.

Καὶ τὸ ἴον μέλαν ἐντὶ, καὶ ἁ γραπτὰ ὑάκινθος.

Et la violette est noirâtre ainsi que la *hyacinthe*, qui montre des caractères d'écriture.   Εἰδ. X, 28.

Ἦνθες ἐμᾷ σὺν ματρὶ, θέλοισ' ὑακίνθινα φύλλα
Ἐξ ὄρεος δρέψασθαι.

(Mon amour commença) le jour où tu vins avec ma mère
sur la montagne pour y cueillir l'herbe d'hyacinthe.

Εἰδ. XI, 26.

L'ὑάκινθος est cette plante en laquelle fut changé le
bel Hyacinthe : tous les poètes de l'antiquité l'ont célébrée. Nous lui avons consacré un long article dans
notre *Flore de Virgile* (p. 67). Peu de plantes de l'antiquité présentent plus de difficulté dans leur détermination, et l'on a tour à tour désigné le *Delphinium Aja-
cis*, le *Gladiolus communis*, le *Gladiolus triphyllos*, le
Vaccinium Myrtillus, l'*Hyacinthus cernuus*, l'*Hyacinthus comosus*, le *Lilium bulbiferum*, et, enfin, le *Lilium Martagon*. C'est peut-être faute d'avoir distingué
nettement l'ὑάκινθος de Dioscoride (III, 5), et pour l'a-
voir confondu avec celui de Théophraste, identique avec
celui de Théocrite et de Virgile, qu'on a montré sur
ce point une si grande divergence d'opinions.

Théocrite, poète bucolique descripteur, n'a rien
dit de la fable attachée à cette plante, tandis qu'Ovide
l'a racontée avec des détails pleins de charmes (*Metam.*
X, 212) (1). Virgile a rappelé la circonstance des syl-
labes écrites sur les pétales de la fleur d'hyacinthe, dans
sa troisième Églogue, v. 106, et propose cette particularité sous la forme d'une énigme :

> Dic, quibus in terris inscripti nomina regum
> Nascantur flores.   Ecl. IV, v. 107.

---

(1) Cfr. l'article ἀνεμώνα; nous y citons les vers de Bion où il est
question de l'ὑάκινθος.

Théocrite s'est contenté d'indiquer ce phénomène en donnant à l'ὑάκινθος l'épithète de γραπτά.

Il paraît bien prouvé par les passages de Virgile et de Théocrite où il est fait mention de l'hyacinthe, que cette fleur était fort recherchée. « J'ai toujours des présents à offrir à Apollon, dit Ménalque, du laurier et de l'agréable fleur d'hyacinthe... J'ai appris à t'aimer, dit Polyphême, le jour que tu vins sur la montagne avec ma mère pour y cueillir l'hyacinthe fleurie.... Est-il une couronne agréable dans laquelle on ne fasse entrer la violette ou l'hyacinthe?... » etc. Cette fleur si agréable à l'œil, qui entrait dans les couronnes offertes aux dieux, et que la belle Galathée allait cueillir sur les montagnes, est toujours pour nous le lis martagon, et nous attachons à cette plante la synonymie suivante :

Ὑάκινθος, Hom. *Odyss.* XIV, 348; Theoph. VI, 7; Nicand. *Ther.* V, 202; *non* Diosc. Theocr. *Idyll.* X, 27, XI, 26; Mosch. II, 55, et V, 6; Virgil. *Ecl.* III, 63 et 107; VI, 53; *Georg.* IV, 183; *Æneid.* XI, 69; Ovid. *Metam.* X, 212; Prud. *Hymn.* X; *S. Rom.* V, 192.

Lilium Martagon, Linn. *Sp. pl.* 435.

Le Lys martagon.

Cette belle liliacée est commune sur les montagnes, en Sicile, en Grèce et en France.

Φ.

ΦΑΚῸΣ (ὁ). La Lentille.

Κάλλιον ὦ 'πιμελητὰ φιλάργυρε, τὸν φ α κ ὸ ν ἕψειν.

Il vaudrait bien mieux, ô soigneux avare, faire bouillir les *lentilles*.   Εἰδ. X, 54.

Ce légume célèbre est trop connu pour qu'il faille chercher à établir autre chose que sa synonymie; la voici telle que nous l'avons donnée dans nos *Commentaires sur Pline*, liv. XVIII, 10, note 80 :

עֲדָשִׁים, *Bibl. Sacr.*

Φακὸς et Φακῆ, THEOPH. *Hist. pl.* VIII, 3.

Φακὸς, THEOCR. *loc. comm.;* DIOSC. II, 129; ATHEN. *Deipnosop.* IV, 51.

Φακῆ, Græc. recent.

Lens, CATULL. 35; VIRG. *Georg.* I, 228; MART. XIII, *Epigr.* 9; COLUM. *de Re rust.* X, 10; PLIN. XVIII, 10.

Lenticula, quorumd.

Lens esculenta, MÆNCH. *Meth.*

Ervum Lens, LINN. *Sp. pl.* 1039.

La Lentille.

ΦΗΓῸΣ (ἡ). Le Chêne grec.

. . . . .σκιερὴν δ' ὑπὸ φηγὸν

Ἠελίου φρύττοντος ὁδοιπόρος ἔδραμον ὥς τις.

J'accourais sous ce *chéne* touffu, comme le voyageur accablé
par un soleil brûlant. Εἰδ. XII, v. 8.

Le mot φηγὸς a fourni le mot latin *fagus;* mais il a
été appliqué à un arbre différent, et l'on croit avec
beaucoup de vraisemblance que c'est notre hêtre, *Fagus
sylvatica* (L.). Quant au φηγὸς, on a cru le reconnaître
dans le *Quercus Æsculus* (L.), chêne à glands comestibles, qui croît abondamment dans les régions australes
de presque toute l'Europe. Cet arbre a sans doute été
connu des Latins? Mais est-ce là cet *æsculus* du poète
qui porte sa cime dans les nues, tandis que ses gigantesques racines descendent jusqu'au sein de la terre? (Virg.
Georg. II, 291.) C'est ce dont il est permis de douter.
Le φηγὸς, *Quercus Æsculus* (L.), est un petit arbre rabougri, auquel Tournefort, qui souvent l'a rencontré
dans ses voyages, a donné l'épithète de *parva;* il a le
port de l'yeuse, avec des proportions inférieures. (Cfr.
sur cette question notre *Flore de Virgile*, p. 51). Voici
quelle est la synonymie de ce chêne :

אלין, Isaïe, XLIV, 6.
Φηγὸς, Hom. *Iliad.* II, 767. E. 693 et *alib.;* Theocr.
loc. comm.; Diosc. I, 144; Hesiod. *Frag. ex Stra-
bone et Schol. Sophoclis extract.*

Esculus, Plin. XV, 6; XXVI, 27 ; Pallad. *No-
vemb.* 15.

Quercus Æsculus, Linn. *loc. cit.* 1415.
Le Chêne grec.

X.

ΧΕΛΙΔΌΝΙΟΝ κυάνεον (ὁ) Le Glauciet.

............περὶ δὲ θρύα πολλὰ πεφύκη,
Κυάνεόν τε χελιδόνιον, χλοερόν τ' ἀδίαντον.
Autour naissaient beaucoup de plantes, et la *chélidoïne*
bleuâtre et la verte adiante. Εἰδ. XIII, 40.

Avant de chercher à déterminer la plante à laquelle
il convient de rapporter le χελιδόνιον des Grecs, il faut
être bien fixé sur la valeur de l'adjectif κυάνεος. Rigoureusement parlant, il signifie bleu-azuré, et c'est dans
ce sens qu'on l'a donné à la *Centaurea Cyanus*, dont la
fleur est d'un bleu si agréable à l'œil ; le mot κυανὸς est
exactement traduit par le mot français bluet. Mais
indépendamment de cette signification, κυανὸς en possède encore une autre moins directe qui équivaut au
mot glauque, γλαυκὸς, dont il est le synonyme en langage
botanique: les couleurs bleues intenses sont exprimées
à l'aide des mots latins *cœruleus* et *cyaneus*. Maintenant
que nous avons reconnu le rapport qui existe entre
les adjectifs γλαυκὸς et κυάνεος, occupons-nous de chercher quelle est la plante nommée χελιδόνιον par Théocrite.

Il s'agit de notre grande Chélidoine qui a conservé
dans toutes les langues son nom grec avec de simples
variétés dans les désinences. Les Grecs modernes la

nomment encore χελιδόνιον. C'est l'une des plantes les
plus communes de l'Europe : elle se plaît dans les lieux
humides, dans les grottes par exemple, où l'on trouve
aussi la verte adiante. Sa fleur est jaune, mais ses
feuilles', et surtout ses tiges, sont d'une couleur glauque
très prononcée. On a trouvé l'étymologie de son nom
dans un de ces préjugés enfantins qui déparent les
écrits les plus remarquables de la docte antiquité.
Lorsque les petits de l'hirondelle (χελιδὼν) naissent
aveugles, ont écrit de graves auteurs, leurs mères par-
viennent à leur rendre la vue en leur introduisant dans
l'œil une gouttelette du suc d'une plante qui, à cause
de cela, a reçu le nom de Chélidoine. L'épervier (ἱέραξ), en
pareil cas, était censé se servir d'une autre plante qui,
par la même raison, fut nommée *hieracium*. Ces absur-
dités sont indignes de toute réfutation. Voici quelle est la
concordance synonymique de la chélidoine :

Χελιδόνιον, Theoph. *Hist. pl.* VII, 14; Theocr.
Idyll. XIII, 40; Nicand. *Ther.* 857; Dioscor. II,
211.

Χελιδόνιον, Græc. recent. Plin. XXV, 50.
حاليدونيون (*chaliduniun*) arab.
Chelidonium majus, Linn. *Sp. pl.*
La grande Chélidoine.

ΧΟΡΤΟΣ (ὁ).. Les Herbages.

. . . . ἀλλ' ὁκὰ μέν μιν ἐπ' Αἰσάροιο νομεύω
Καὶ μαλακῶ χόρτοιο καλὰν κώμυθα δίδωμι.

Mais tantôt je la fais paître sur les bords de l'Æsarus, et tantôt je lui donne une belle botte d'excellent fourrage.

Εἰδ. IV. 18.

Le mot χόρτος, employé par Hésiode (*Oper. et Dies,* 604), répond exactement au mot latin *farrago* et au mot français herbage; *fœnum* et foin s'entendent des herbes sèches. Les Grecs modernes font de ce mot χόρτος, devenu neutre, l'accompagnement obligé d'une foule de noms de plantes : telles sont παναγιόχορτον, herbe de saints; καπνόχορτον, herbe enfumée (fumeterre); λιβανόχορτον, herbe à odeur d'encens, etc. La facile formation des mots composés donne au grec une supériorité marquée sur le latin et sur les langues qui en sont dérivées. Les idiomes moins riches en voyelles, et conséquemment moins harmonieux, ne peuvent y parvenir avec le même bonheur.

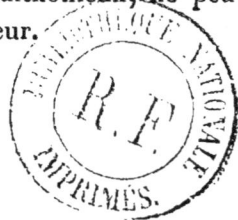

LISTE

DES MOTS HÉBREUX ET ARABES

EMPLOYÉS DANS LA FLORE DE THÉOCRITE.

TABLE GRECQUE

DE LA

FLORE DE THÉOCRITE.

EXPLICATION DES ABRÉVIATIONS.

A. Anciens.

M. Modernes.

A. M. Portant un même nom chez les Anciens et chez les Modernes.

NOTA. Nous ne mettons le nom de l'auteur que quand il a seul nommé la plante.

8

TABLE ALPHABÉTIQUE

DES NOMS DE PLANTES

CITÉS DANS LA FLORE DE THÉOCRITE.

—✦—

(Nous mettons en caractères italiques les noms anciens et les noms vulgaires, et en caractères romains les noms botaniques modernes.)

8.

ERRATA.

Page 14, ligne 7, ٲرن, *lisez* أرن.
—15,—4, ἄπιος, *lisez* ἄπιον.
—19,—23, supprimez la citation qui renvoye à Callimaque.
—21,—21, ἐρύγγιον, *lisez* ἠρύγγιον.
Cfr. sur l'ἄχερδος Beckman. ad Arist. *Mirab.* p. 321 sq.
—28,—15, βλέχων, *lisez* βλήχον.
—32,—22, ןית, *lisez* דית.
—37,—2, ajoutez après le mot Nicand. : *Ther.* 67, 533, etc.
——18, ajoutez : et Horace, *Od.* 4, 10, 14.
—38,—15, ΤΗΛΈΦΥΛΛΟΝ, *lisez* ΤΕΛΈΦΙΛΟΝ.
— 44, 24, Joh, *lisez* Job.
——27, supprimez la citation qui renvoye au livre Ier et au chapitre 105 de Dioscoride.
—49,— avant-dernière ligne, θῆλυ, *lisez* θήλεια.
—53,—21, effacez le mot κρόκον.
—54, 17, Fabulum, *lisez* Fabulus.
—60,—20, rectifiez comme il suit la citation d'Homère : Κύπειρος, *Iliad.* Φ, 351; *Odyss.* Δ, 603.
—64 et 65, λευκοΐον, *lisez* λευκόϊον.
—69,—9, Diosc. IV, 311, *lisez* IV, 111.
—77,—9, supprimez la citation d'Homère.
—94,—25, Diosc. II, 74, *lisez* III, 76.
—101,—8, *Hist.*, *lisez de Fist.*

www.ingramcontent.com/pod-product-compliance
Lightning Source LLC
Chambersburg PA
CBHW062026200326
41519CB00017B/4939